ISW Forschung und Praxis

Berichte aus dem Institut für Steuerungstechnik
der Werkzeugmaschinen und Fertigungseinrichtungen
der Universität Stuttgart

Herausgeber: Prof. Dr.-Ing. G. Pritschow

Band 80

Joachim Zirbs

Fertigungsgerechte Aufbereitung von Flächenverbänden bei der NC-Programmierung im Formenbau

Springer-Verlag
Berlin Heidelberg New York
London Paris Tokyo Hong Kong 1989

D 93

Mit 67 Abbildungen

ISBN-13 : 978-3-540-51742-9   e-ISBN-13 : 978-3-642-83955-9
DOI : 10.1007 / 978-3-642-83955-9

Gesamtherstellung: Druckerei Kuhnle, Esslingen

2362/3020-543210

Geleitwort des Herausgebers

In der Reihe „ISW Forschung und Praxis" wird fortlaufend über Forschungs-
ergebnisse des Instituts für Steuerungstechnik der Werkzeugmaschinen und
Fertigungseinrichtungen der Universität Stuttgart (ISW) berichtet, das sich in
vielfältiger Form mit der Weiterentwicklung des Systems Werkzeugmaschine
und anderer Fertigungseinrichtungen beschäftigt. Die Arbeiten dieses Instituts
konzentrieren sich im besonderen auf die Bereiche Numerische Steuerungen,
Prozeßrechnereinsatz in der Fertigung, Industrierobotertechnik sowie Meß-,
Regel- und Antriebssysteme, also auf die aktuellsten Bereiche der Fertigungstechnik. Dabei stehen Grundlagenforschung und anwenderorientierte
Entwicklung in einem stetigen Austausch, wodurch ein ständiger Technologie-
transfer zur Praxis sichergestellt wird.

Die Buchreihe erscheint in zwangloser Folge und stützt sich auf Berichte über
abgeschlossene Forschungsarbeiten und Dissertationen. Sie soll dem Inge-
nieur bei der Weiterbildung dienen und ihm Hilfestellungen zur Lösung spezifi-
scher Probleme geben. Für den Studierenden bietet sie eine Möglichkeit zur
Wissensvertiefung. Sie bleibt damit unter erweitertem Namen und neuer Her-
ausgeberschaft unverändert in der bewährten Konzeption, die ihr der Gründer
des ISW, der leider allzu früh verstorbene Prof. Dr.-Ing. G. Stute, im Jahre 1972
gegeben hat.

Der Herausgeber dankt der Druckerei für die drucktechnische Betreuung und
dem Springer Verlag für Aufnahme der Reihe in sein Lieferprogramm.

G. Pritschow

Vorwort

Die vorliegende Arbeit entstand während meiner Tätigkeit als wissenschaftlichlicher Mitarbeiter am Institut für Steuerungstechnik der Werkzeugmaschinen und Fertigungseinrichtungen (ISW) der Universität Stuttgart.

Herrn Professor Dr.- Ing. A. Storr danke ich herzlich für seine Unterstützung während der Entstehung dieser Arbeit sowie für die Übernahme des Hauptberichts. Seine intensive Durchsicht war wesentlich Voraussetzung für ihr Gelingen. Ebenso danke ich Herrn Professor Dr.- Ing. G. Pritschow, dem Leiter des Instituts, für die Förderung der Forschungsarbeiten, die Grundlage dieser Arbeiten sind, sowie für seine Anregungen.

Mein Dank gilt auch Herrn Professor Dr.-Ing. K. Siegert für die Bereitschaft, den Mitbericht zu übernehmen, und auch für seine hilfreichen Hinweise.

Danken möchte ich auch allen Mitarbeitern und Studenten des Instituts, insbesondere den Kollegen der Gruppe "Fertigungstechnische Programmiersysteme", die mit zum Gelingen dieser Arbeit beigetragen haben.

Joachim Zirbs

Inhaltsverzeichnis

Seite

Abkürzungen und Begriffe

APT	Automatically Programmed Tools, Fertigungtechnisches Programmiersystem
APTLFT	Erweiterte APT-Version zur fünfachsigen Fräsbearbeitung
APT-SS	APT-Sculptured Surface, APT-Erweiterung zur Bearbeitung gekrümmter Flächen
CAD	Computer Aided Design
CAM	Computer Aided Manufacturing
DUCT	CAD-System zur Definition und Bearbeitung von Freiformflächen
EUKLID	CAD-System zur Definition und Bearbeitung von Freiformflächen
EXAPT	Extended Subset of APT, fertigungstechnisches Programmiersystem
FMILL	Programmiersystem zur Beschreibung gekrümmter Flächen
fto.	Fertigungstechnisch orientiert
IGES	Initial Graphics Exchange Specification, Schnittstelle für den Geometriedatenaustausch
ISWAX5	Fertigungtechnisches Programmiersystem für die Fräsbearbeitung gekrümmter Flächen
NC	Numerical Control

STRIM100	CAD-System zur Definition und Bearbeitung von Freiformflächen
SYSTRID	CAD-System zur Definition und Bearbeitung von Freiformflächen
VDA	Verband der deutschen Automobilindustrie
VDAFS	VDA-Flächenschnittstelle, Schnittstelle für den Austausch von Freiformgeometrien

Formelzeichen, Vektoren, Matrizen, Symbole

a,b	Parameter für die Geradengleichungen
BF	Beschleunigungsfaktor des Suchschrittverfahrens
α	Gewichtungsfaktor bei fünfseitigen Sonderflächen
DF	Dämpfungsfaktor des Suchschrittverfahrens
DQ	Differenzquader
λ	Abstand der Seiten eines Pentagons vom Punkt V im 2D-Parameterraum
$\vec{E}$	Eckpunkte einer Einzelfläche
$EF_{1...4}$	Einzelflächen
$\vec{EN}$	Normalenvektor von Ebenen
f	Skalare Funktion
$\vec{f}$	Vektorfunktion
$\vec{F}_{1...4}$	Partielle Vektorfunktionen bei Sonderflächen

FQ	Minimaler Hüllquader
$H_0 \ldots H_4$	Gewichtungsfunktionen für u und v
k1, k2	Polynomordnung
LQ	Linienquader
$\vec{M}$	Matrix der Vektorfunktionen bei Sonderflächen
$\vec{MK}$	Mittelpunkt einer Hüllkugel
$\vec{N}$	Normalenvektor bei Einzelflächen
$\vec{NR}, \vec{TR}$	Orthogonales Geradenpaar zur Ermittlung von Flächenpunkten durch Iteration
$\vec{P}$	Raumpunkt
PQ	Punktquader
Q	Stabilitätsoperator des Suchschrittverfahrens
$\vec{R}$	Raumpunkt auf der Einzelfläche
r	Radius der Hüllkugel einer Einzelfläche
$\vec{r}$	Polynomkoeffizienten
$\vec{RL}$	Punkt auf der Leitfläche
s,t	Lokal wirkende Gauß´sche Parameter
u,v	Global wirkende Gauß´sche Parameter
V	Punkt im Pentagon der 2D-Parameterebene

$\vec{v}$ Projektionsvektor für die Iteration

w   Gewichtungen der Polynomkoeffizienten

Indizes

i   Zählvariable

j   Zählvariable

1   Einleitung

Parallel zur Einführung der NC-Technik bei Werkzeugmaschinen erfolgte die Entwicklung von Programmiersystemen und fertigungstechnisch orientierter Sprachen zur NC-Programmierung von Fertigungsaufgaben / 1 /. Sie entsprang dem Wunsch, NC-Programme für die Werkzeugmaschinen zentral in der Arbeitsvorbereitung für die jeweilige Fertigungsaufgabe erzeugen zu können. Bekannte NC-Programmiersysteme sind in diesem Zusammenhang APT / 2 / oder EXAPT / 3 /. Ständig gestiegene Rechnerleistungen führten zu neuen organisatorischen Konzepten, wie z.B. der Werkstattprogrammierung / 4 /.

Sinkende Systempreise bei gleichzeitig wachsender Leistung von Rechnern und Peripherie, wie Bildschirme, Platten etc., begünstigen seit Anfang der 80er Jahre eine verstärkte Verbreitung von CAD-Systemen. Die Mehrzahl dieser Systeme unterstützt heute insbesondere die Zeichnungserstellung, aber auch Bauteilberechnungsmöglichkeiten. Laufende und künftige Aufgabenschwerpunkte beschäftigen sich mit der CAD/NC-Programmiersystemkopplung / 5,6,7 /. Wesentliche Zielsetzungen einer derartigen Kopplung sind: Vermeidung von Mehrfacharbeiten bei der Geometriedefinition, verringerte Durchlaufzeiten, Kostenersparnis und Minimierung insbesondere von Eingabefehlern.

Die o.g. Aussagen treffen insbesondere für analytisch einfach beschreibbare Werkstückgeometrien zu. Aber auch die Luft- und Raumfahrtindustrie, der Schiffs- sowie der Turbinenbau, deren Produkte oftmals aus funktionalen Gründen nur unter Zuhilfenahme beliebig gekrümmter Flächen, im folgenden auch Freiformflächen genannt, beschreibbar sind, wenden in verstärktem Maße rechnerunterstützte Methoden und Verfahren zur Produkterzeugung an. Beispiele sind Integral- und Strakteile, Verdichterlaufräder, Schiffspropeller und Kaplanturbinen /8,9, 10 /. Eine Fertigung der Bauteiloberflächen erfolgt dabei vielfach über das fünfachsige NC-Fräsen auf der Grundlage der digitalen Beschreibungsform der Freiformflächen. Ausschlaggebend für die Einführung dieser Technologie ist eine Reproduzierbarkeit produktbezogener Informationen bei Klein- und Mittelserien oder aber die Notwendigkeit der Ablösung bisher angewandter Bearbeitungsverfahren.

Neben den spanenden Fertigungsverfahren zur Produkterzeugung gewinnen Technologien, die sich nach DIN 8580 / 11 / unter den Begriffen Ur- und Umformen zusammenfassen lassen, immer mehr an Bedeutung / 12 /. Wichtige Vertreter dieser Verfahren sind das Schmieden, das Tiefziehen und im Urformbereich der Druckguß bei Metallen sowie der Spritzguß bei Kunststoffteilen. Kennzeichnend ist für sie die Notwendigkeit einer in der Regel komplexen Gießform bzw. eines komplexen Umformwerkzeugs. Die Branche, die sich mit der Werkzeugerstellung für ur- und umformende Verfahren befaßt, ist der Werkzeug- und Formenbau. Eine Rechnerunterstützung des technischen Informationsflusses griff in den vergangenen Jahren auch auf diese Branche über. Hier dominiert noch heute z. T. je nach Firma die Technik des Nachformfräsens, insbesondere bei der Erzeugung komplexer Oberflächen des formgebenden Bereichs eines Werkzeugs. Doch zeichnen sich vermehrt Bestrebungen ab, die Wirtschaftlichkeit der Fertigung durch gezielten Rechnereinsatz in Konstruktion (CAD) und Fertigung (CAM) bei durchgängigem Informationsfluß gegenüber den bisher zur Anwendung kommenden Verfahren zu steigern / 12,13,14 /.

1.1   Problemstellung

Die Herstellung von ur- und umformenden Werkzeugen - der Begriff "Werkzeug" steht im folgenden stellvertretend für Zieh-, Spritzgußwerkzeuge, Gesenke etc. - ist beispielhaft in Bild 1.1 für Tiefziehgesenke festgehalten / 15,16 /. Sie gliedert sich in: Erstellung der Karosserieteilgeometrie und, sofern erforderlich, Anfertigung eines Urmodells, Werkzeugkonstruktion mit der Definition von Ziehstempel, -matrize, Niederhalters etc. , Fertigungsplanung , Fertigung und Kontrolle. Unter "Auslegen" der Karosserieteilgeometrie ist dabei die Abwick-

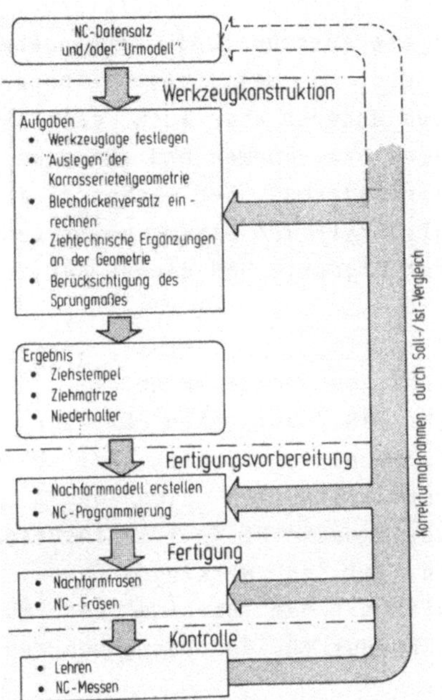

Bild 1.1: Ablaufschritte zur Herstellung von Werkzeugen für das Tiefziehen in Anlehnung an / 16 /

lung eines Falz etc. in die Ziehebene des Werkzeugs zu verstehen. Aus / 17 / geht hervor, daß der Entstehungsablauf für ein ur- und umformendes Werkzeug aufgrund notwendiger Korrekturmaßnahmen die in Bild 1.1 dargestellten Bereiche oft mehrere Male durchläuft. Ursache für diesen mehrmaligen, das Werkzeug optimierenden Durchlauf sind verfahrensbedingte Kriterien physikalischer oder technologischer Ausprägung, denen Rechnung getragen werden muß. Ihre quantitative Erfassung basiert oftmals - wie am Beispiel in Bild 1.1 für das Sprungmaß - weniger auf Berechnungen sondern mehr auf empirisch ermittelten Erfahrungswerten, die in der Regel nur näherungsweise auf den konkreten Anwendungsfall zutreffen. Die in Bild 1.1 festgehaltene Vorgehensweise läßt sich in ähnlicher Form auch auf Spritzgußwerkzeuge und Gesenke übertragen.

In den vergangenen Jahren zeichnen sich Bestrebungen ab, durch eine Rechnerunterstützung die in Bild 1.1 dargestellte Vorgehensweise in ihren Teilaufgaben zu automatisieren. Ziel dieser Maßnahmen ist einmal die Ausschöpfung vorhandener Rationalisierungspotentiale, die zu zeitlichen Einsparungen im Herstellprozeß führen, zum anderen aber auch eine Steigerung der Qualität von Werkzeugen bzw. Formen und die damit möglicherweise verbundene Verlängerung der Lebensdauer. Beide Aspekte sollten nach Möglichkeit von einem positiven Einfluß auf die Herstellkosten der Produkte und damit auf die Wirtschaftlichkeit sein.

Ein Werkzeug setzt sich aus dem formgebenden Teil, Norm- und DIN-Teilen zusammen. Nach / 18 / entstehen 55% der Werkzeugkosten im kontur- oder formgebenden Bereich. Bei einer Optimierung des Fertigungsprozesses wirken sich damit Verbesserungen in der Vorgehensweise nach Bild 1.1 insbesondere im kontur- oder formgebenden Teil des Werkzeugs aus. Die vorliegende Arbeit befaßt sich mit dem Bereich der NC-Programmierung des Zerspanungsvorgangs für den formgeben den Bereich.

1.2 Stand der Technik

Innerhalb der CAD/CAM-Anwendungskette nach Bild 1.1 kann der Stand der Technik bei der NC-Programmierung jedoch nicht isoliert untersucht werden. Vor- und nachgeschaltete Arbeitsvorgänge wie die rechnerunterstützte Werkzeugkonstruktion (CAD) oder die NC-Fertigung (CAM) besitzen beeinflussende Größen, die es zu berücksichtigen gilt. Damit umfaßt die Darstellung zum Stand der Technik neben einer Analyse zur NC-Programmierung komplexer Gravuren auch o. g. Bereiche.

Rechnerunterstützte Werkzeugkonstruktion

Die Rechnerunterstützung innerhalb der Werkzeugkonstruktion hat in den letzten Jahren Fortschritte gemacht. Aus dem Schrifttum sind CAD-Systeme bekannt, die den Konstruktionsvorgang von Werkzeugen für das Schmieden, Tiefziehen und Spritzgießen durch Berücksichtigung verfahrensabhängiger Kri-

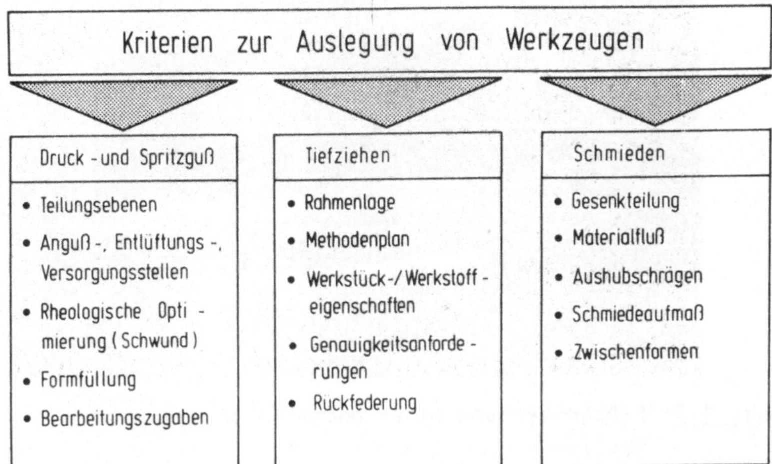

Bild 1.2 : Verfahrensbedingte Kriterien für die Auslegung von
Werkzeugen

terien (Bild 1.2) unterstützen / 21,22,23 /. Neben Hilfs-
mitteln zur Formgebung finden dabei auch verstärkt Techniken
zur Simulation des Ur- bzw. Umformvorgangs, z.B. durch Finite
Element Methoden (FEM), Anwendung / 19,20 /. Sie dienen dem
Ziel, die Auslegung des Werkzeugs vor der Probefertigung von
Teilen schon weitgehend zu optimieren und damit eine Verkürzung der Herstellzeit zu erreichen. Doch sind diese Techniken u.a. aufgrund der notwendigen Rechnerleistungen und der
aufwendigen Rechenmodelle noch am Anfang ihrer Entwicklung.

Eine Einarbeitung von Kriterien nach Bild 1.2 in die Gestalt
des formgebenden Bereichs setzt umfangreiche Modellierei-
genschaften insbesondere in lokalen Oberflächenbereichen
voraus. Da die Anwendung analytischer Geometrien diese Ei-
genschaften nur unbefriedigend erfüllen, finden in vielen CAD-
Systemen sog. "Freiformflächen-Modellierer" Einsatz. Sie bie-

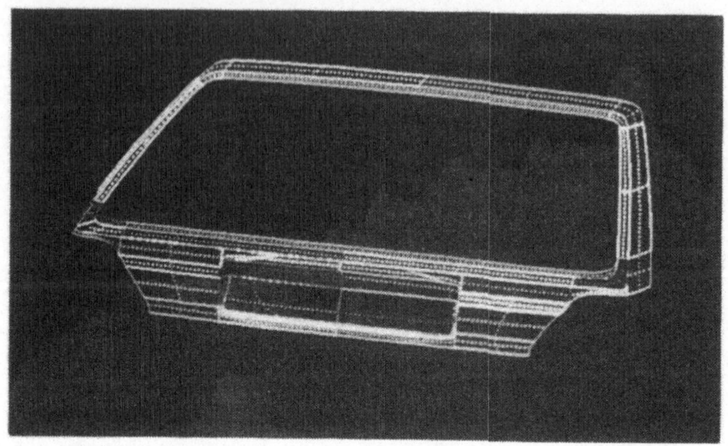

Bild 1.3: Flächenverband einer modellierten Oberfläche
        Quelle: VW

ten in der Regel ausreichende Möglichkeiten zur Manipulation
lokaler Geometriebereiche. Die geometrische Grundlage bilden
mathematische Verfahren nach Coons / 24 /, Bézier / 25 / oder
der B-Spline Methode / 26 /.

Das Ergebnis des Modellierprozesses sind Flächenverbände von
numerisch sowie üblicherweise topologisch / 27 / unabhängig
beschriebenen und geometrisch lediglich über Randbedingungen
wie z.B. Anpassung der tangentialen Übergänge an Einzelflächen,
die als Ausgangsinformation für eine NC-Programmierung anzu-
sehen sind. Bild 1.3 zeigt die Heckklappe eines Pkw's mit ca.
70 Einzelflächen.

Eine Darstellung von Oberflächen durch einen Drahtmodell ähn-
lichen Aufbau / 28 / zur Vermeidung von Flächenverbänden ist
selten anzutreffen, da die Anforderungen an die Formgenauig-
keit an Oberflächen durch z. B. Schwingungen in der Oberfläche, unstetiges Krümmungsverhalten etc. schwer oder nicht erfüllt werden.

NC-Bearbeitung

Üblicherweise sind im Werkzeug- und Formenbau die NC-Fertigungsverfahren Drehen, Bohren, Fräsen, Draht- und Senkerodieren anzutreffen, wobei das Fräsen mit Abstand das am häufigsten angewandte Verfahren darstellt / 29 /. Dies ist nicht zuletzt dadurch bedingt, daß Fräsen eine flexible und universelle Formgebungsmethode ist. Es ist daher auch dominant bei der Herstellung der formgebenden Bereiche eines Werkzeugs.

Moderne Fräsmaschinenkonzepte erlauben 2 1/2-achsiges NC-Fräsen für ebene Bearbeitungen bis hin zu 3- bis 5-Achsbewegungen für das Fräsen von Freiformgeometrien. Laut Definition werden beim fünfachsigen gegenüber dem dreiachsigen NC-Fräsen neben der Lage der Fräserspitze auch die Richtung der Fräserachse simultan gesteuert und kontinuierlich verändert / 8 /. Dadurch läßt sich eine wesentlich günstigere Anpassung der Fräsergeometrie an die Bearbeitungsfläche erreichen. Werkzeugmagazine und Palettenspeicher erlauben einen automatisierten Einsatz der Maschinen über mehrere Stunden / 30 /.

Auf dem Gebiet der Steuerungen zeichneten sich in den vergangenen Jahren zugeschnittene Lösungen für das Fräsen von Freiformgeometrien ab / 31 /, deren Ziele einmal in der Reduktion von NC-Informationen und zum anderen in einer Erweiterung der Bedien- und Korrekturmöglichkeiten liegen. Diese heute noch als Insellösungen zu betrachtenden Steuerungskonzepte werden künftig aufgrund allgemein steigender Rechnerleistungen sowie neuer Steuerungsstrukturen eine größere Verbreitung finden. Sie haben in der Zukunft Auswirkungen auf die Schnittstelle zwischen Steuerung und NC-Programmiersystem, da die Steuerung dann in der Lage sein wird, Aufgaben wie z. B. Fräsergeometriekorrekturen beim fünfachsigen Fräsen zu übernehmen / 32 /.

NC-Programmierung

Die NC-Programmierung hat die Aufgabe der Umsetzung geome-

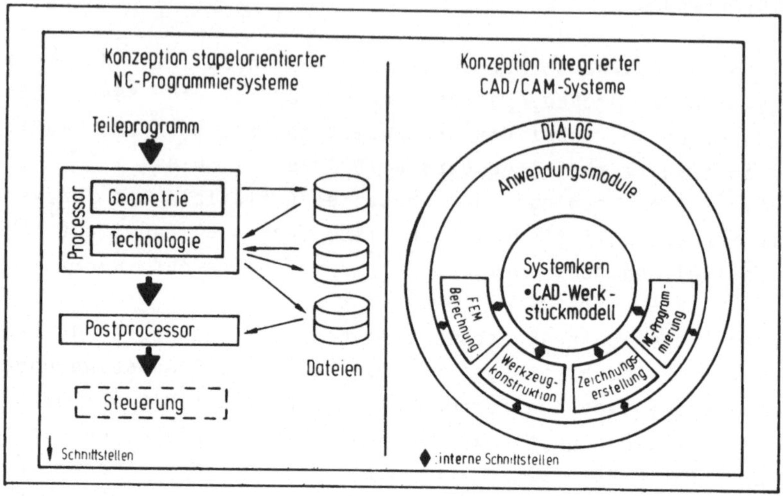

Bild 1.4: Alternative Konzeptionen: Problemorientiertes Programmiersystem und integriertes CAD/CAM-System

trischer Informationen unter Beachtung technologischer Randbedingungen in Fertigungsinformationen. Eine Rechnerunterstützung dieses Vorgangs für Freiformflächen erfolgt üblicherweise durch problemorientierte NC-Programiersysteme oder durch sog. integrierte CAD/CAM-Systeme (Bild 1.4). Kennzeichen letzterer Lösung ist ein modularer Aufbau mit einem Systemkern, bestehend aus Algorithmen bzw. Programmen zur 2D-Zeichnungserstellung und/oder einem CAD-3D-Werkstückmodell. Modelle in Verbindung mit Rechneranwendungen sind logische Verknüpfungen von Daten, Strukturen und Algorithmen / 33,34 /.

Problemorientierte NC-Programmiersysteme wie APT4-SS / 35 / oder FMILL-APTLFT / 36 / finden noch heute eine weite Verbreitung in der Luft- und Raumfahrtindustrie für die Bearbeitung von Freiformflächen. Eine Anwendung dieser Systeme im Formenbau scheitert jedoch aufgrund unzureichender Systemeigenschaften (Bild 1.5). Dies gilt in ähnlicher Weise auch für

	APT4-SS	FMILL/APTLFT	FMILL/ ISWAX5-"Batch"
Systemeigenschaften			
• Modulares Systemkonzept	nein	nein	nein
• Geometrieverwaltung	temporär im Processor		
• Interaktivität	nein	nein	nein
Systemfähigkeiten			
• CAD/NC-Kopplung	nein	nein	nein
• Geometrie			Punktfolgen
• Vorgabe	Freiformfläche	Freiformfläche	Freiformfläche
• Math. Darstellung	Coons, Bézier	Coons	Coons
• Technologie	Einzelne	Einzelne	Einzelne
• Bearbeitungsfläche	Freiformfläche	Freiformfläche	Freitormfläche Punktfolgen
• Fräserauswahl			
Kugelkopf	ja	ja	ja
Schaftfräser	bedingt	bedingt	ja
• Fräserführung	Parameterl. "Drive Surface"	Parameterl.	Parameterlinien Punktfolgen
• Kollisionsbetrachtungen Werkzeug / Bearbeitungsfläche	nein	nein	ja
• Fräsverfahren	2½ ... 5-NC-Achsen	2½ ... 5-NC-Achsen	5 NC-Achsen

<u>Bild 1.5</u>: Systemeigenschaften und -fähigkeiten problemorientierter Programmiersysteme

die in früheren Jahren am Institut für Steuerungstechnik der Werkzeugmaschinen und Fertigungseinrichtungen entwickelte Version des FMILL/ISWAX5-Processors / 37,38 /, der im folgenden als ISWAX5-"Batch" bezeichnet wird.

Hervorzuheben sind hierbei unzureichende Möglichkeiten zur universellen Ankopplung an CAD-Systeme und damit verbunden eine mangelhafte Unterstützung des Informationsflusses in CAD/CAM-Anwendungsketten. Weiterhin fehlt ihnen ein modulares Systemkonzept (Unterteilung in aufgabenorientierte Funktionen bzw. Module), das einen interaktiven Dialog mit dem Processor erlaubt. Schon in / 39 / wird jedoch ausführlich aufgezeigt, daß letzteres eine unbedingte Voraussetzung für eine effiziente NC-Programmierung von Freiformflächen darstellt.

Eine Analyse der Systemfähigkeiten ergibt, daß insbesondere die Systeme APT4-SS und FMILL/APTLFT unzureichende Möglichkeiten für die Geometrie- und Technologieverarbeitung - z. B. keine übergreifende Bearbeitung von Einzelflächen - für das Fertigungsspektrum im Formenbau bieten. Dies gilt eingeschränkt auf die Geometrieverarbeitung auch für ISWAX5-"Batch", während die Funktionalität zur Technologie sich in Teilbereichen als geeignet erweist.

Für eine NC-Programmierung von formgebenden Bereichen an ur- und umformenden Werkzeugen dominieren derzeit aufgrund vorteilhafter Systemeigenschaften sogenannte integrierte CAD/CAM-Systeme. Um den Systemkern (Bild 1.4) reihen sich Anwendungsmodule, im folgenden auch Anwendungsfunktionen genannt, die über Schnittstellen auf Funktionen und Daten des Systemkerns zugreifen. Die NC-Programmierung ist üblicherweise in einem dieser Module zusammengefaßt. Die äußerste Schale bildet der interaktiv grafische Dialog.

Vorteile dieser Systeme liegen vielfach in ihrer Benutzerfreundlichkeit aufgrund der Interaktivität und der engen Bindung an eine für CAD und NC-Programmierung gemeinsame Geometriedatenbasis. Nachteilig sind nur äußerst rudimentäre Funktionen zur NC-Programmierung, die eine Vorgabe technologischer Randbedingungen nur unzureichend unterstützen / 49 /. Insbesondere das auf den Modelliervorgang ausgerichtete CAD-Werkstückmodell schränkt die Definitionsmöglichkeiten zur NC-Bearbeitung erheblich ein. Ersichtlich ist dies auch in Bild 1.6 an der Wahlmöglichkeit der Bearbeitungsfläche und der damit verbundenen Einengung der Fräserformen sowie der Auswahl der Fräserführung.

Integrierte CAD/CAM-Systeme bieten zwar oftmals Möglichkeiten zur Datenübernahme aus anderen CAD-Systemen - eine unbedingte Voraussetzung für den Formenbau als Zulieferindustrie -, doch sind vielfach Neudefinitionen oder Veränderungen von Geometrien aufgrund unterschiedlicher Datenbasen bzw. Beschreibungsmöglichkeiten von Freiformgeometrien notwendig.

	DUCT /40/	EUKLID /41/	SYSTRID /42/	STRIM 100 /43/
Geometrie • Vorgabe	Freiformfläche "Ducted Spines"	Freiformfläche	Freiformfläche .	Freiformfläche
• Math. Darstellung	Bézier	Bézier	Bézier	Bézier
Technologie • Bearbeitungsfläche	Einzelne Freiformfl.	Einzelne Freiformfl.	Einzelne Freiformfl.	Einzelne Freiformfl.
• Fräserauswahl Kugelkopf Schaftfräser	ja bedingt	ja bedingt	ja bedingt	ja bedingt
• Fräserführung	Parameterlinien Schnittebenen	Parameterl. Schnittebenen	Parameterl.	Parameterl. Schnittebenen
• Kollisionsbetrachtungen Werkzeug/ Bearbeitungsfläche	nein	unvollständig	unvollständig	nein
• Fräsverfahren	2½...3-NC - Achsen	2½...5-NC - Achsen	2½...5-NC - Achsen	2½...5-NC- Achsen

Dild 1.6: Vergleich von Systemfähigkeiten integrierter CAD/CAM-Systeme

1.3   Phasen einer NC-Programmierung im Formenbau

Der Ablauf zur NC-Programmierung im Formenbau wird in seinen wesentlichen Phasen durch Bild 1.7 dokumentiert. Die nachfolgend aufgeführte Vorgehensweise basiert auf den Ausführungen nach / 45 /. Sie beschränkt sich deshalb nur auf Tätigkeiten, die in Verbindung mit der Aufgabenstellung "fertigungsgerechte Aufbereitung von Flächenverbänden" stehen und damit Anforderungen an Lösungen zur fertigungsgerechte Aufbereitung und Nutzung von Flächenverbänden aufweisen.

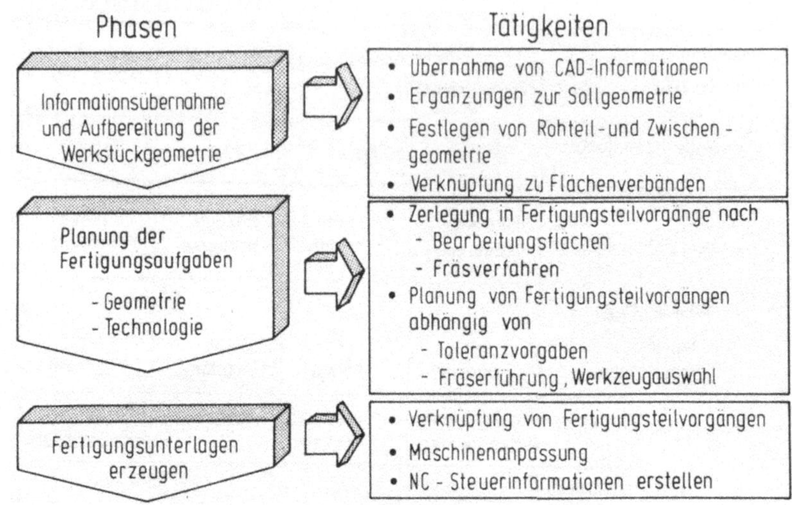

Bild 1.7: Phasen und Tätigkeiten bei der NC-Programmierung

1.3.1 Informationsübernahme aus CAD-Systemen

Die Modellierung der Solloberfläche liegt in der Verantwortung der Werkzeugkonstruktion und verbietet eine erneute Modellierung unter fertigungstechnischen Gesichtspunkten der Bearbeitungsgeometrie während der NC-Programmierung, so wie sie Grundlage der Arbeiten in / 46 / sind. Dies würde aufgrund unterschiedlicher Voraussetzungen und Techniken bei der Geometriebeschreibung zu Informationsverlusten und damit zu nicht identischen Oberflächen führen. Eine **Übernahme der numerischen Beschreibung der Sollgeometrie** ist somit eine unbedingte Notwendigkeit, um die Gestalt ohne Verlust an geometrischen Informationen für eine NC-Programmierung bereitzustellen.

Aus den oben und zum Stand der Technik (Kap. 1.2) genannten Randbedingungen leiten sich sowohl für die CAD/NC-Programmiersystemkopplung als auch für die rechnerinterne Darstellung der Freiformgeometrien grundsätzliche Anforderungen ab:

- **Automatisierte Übernahme von Daten**
  Das Lesen von Geometrieinformationen stellt eine unter-
  geordnete, in weiten Bereichen zu automatisierende Tätigkeit
  dar.

- **Hohe Einlesegeschwindigkeit**
  Der Wunsch nach einer hohen Einlesegeschwindigkeit wirkt
  sich insbesondere auf das Schnittstellenkonzept einer CAD/
  NC-Programmiersystemkopplung aus.

- **Weitgehende Universalität und Flexibilität**
  Die Notwendigkeit, Daten unterschiedlicher CAD-Systeme zu
  übernehmen, erfordert ein hohes Maß an Universalität und
  Flexibilität einer CAD/NC-Programmiersystemkopplung unter
  dem Aspekt einer weitgehend verlustfreien Informationsübernahme.

Aus diesen Anforderungen ergibt sich für die Rechnerunterstützung, mehrere Schnittstellenvarianten für eine
CAD/NC-Kopplung anzubieten. Dies sind neben dem Weg über
standardisierte Datenaustauschformate die Anwendung speziell
zugeschnittener Lösungen, sog. "Sendesystem-orientierte
Schnittstellen" oder als weitere Alternative interne
Schnittstellen nach Bild 1.4.

1.3.2 <u>Fertigungsgerechte Aufbereitung der Werkstückgeometrie</u>

Notwendige Ergänzungen von topologischen und geometrischen
Informationen sowie die damit verbundenen Tätigkeiten lassen
sich im folgenden unter dem Begriff der **fertigungsgerechten
Aufbereitung** der Geometrie des formgebenden Bereichs zusammenfassen. Ihre Aufgaben sind im einzelnen:

<u>Geometrische Aufbereitung der Solloberfläche</u>

Die Einflußnahme des NC-Programmierers auf die Sollgeometrie

darf sich nur auf Elemente beschränken, die keinen unmittel-
baren Einfluß auf die Funktion des künftigen Werkzeugs für
das Schmieden, Tiefziehen etc. ausüben. Dennoch erscheinen
diese Ergänzungen aus fertigungstechnischer Sicht notwendig.
Sie können in Anlehnung an / 47 / als **Nebenformen** bezeichnet
werden. Während beispielhaft **Verrundungen** an nicht tangentialen Flächenübergängen (Bild 1.8 links) die Solloberfläche ver-
vollständigen, kann die Einbindung sogenannter **"Füllflächen"**
(Bild 1.8 rechts) als Mittel zur Unterstützung der NC-Programmierung angesehen werden. Ein Anwendungsfall von Füllflächen liegt auch in dem Schließen von Taschen und Vertiefungen, die so in einem Zwischenarbeitsschritt besser "überar-
beitet" werden können.

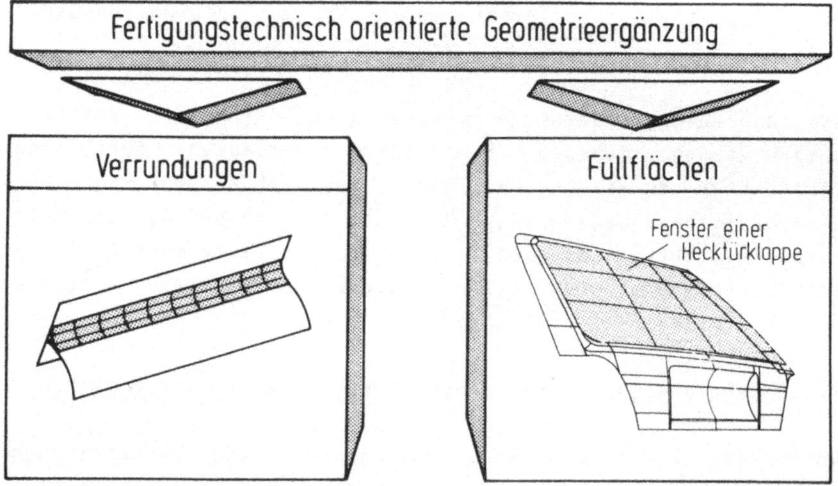

Bild 1.8: Beispielhafte Ergänzungen zur Sollgeometrie

An einen Anwendungsmodul zur Erzeugung von Nebenformen ist die
Forderung zu stellen, daß sich die notwendigen Vorgaben durch
den NC-Programmierer auf ein Minimum beschränken. Dies bedeu-

tet z.B. für die Definition einer Füllfläche die Vorgabe der Ränder, zwischen denen sie aufgespannt werden soll.

Rohteil- und Zwischengeometrien

Neben der Sollgeometrie ist jedoch für die NC-Programmierung auch die Rohteil- oder Ausgangsgeometrie des zu bearbeitenden Werkstücks von Bedeutung.

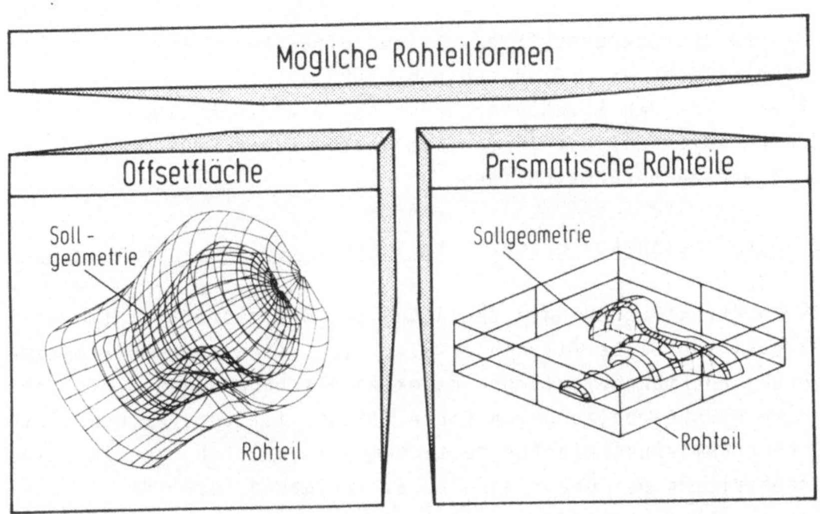

Bild 1.9: Alternative Darstellungsmöglichkeiten der Ausgangsfläche

Eine Anwendung sogenannter Offsetflächen (Bild 1.9, links) ist hier nur bedingt einsetzbar. Häufig sind Ausgangsformen von Rohlingen, die bereits Hauptformmerkmale der künftigen Sollgeometrie aufweisen, wie vorgegossene Halbzeuge u.ä., anzutreffen. Bekannt sind aber auch einfache prismatische Ausgangsformen (Bild 1.9, rechts). Diese Formen weisen in der Regel im Formenbau kaum oder keine Ähnlichkeit mit der Solloberfläche auf.

Neben der Berücksichtigung des Rohteils erscheinen Darstellungsformen des zu zerspanenden Bereichs oder Volumens durch sog. **Zwischengeometrien** ein geeignetes Mittel, um die Wirtschaftlichkeit der NC-Bearbeitung zu fördern, die Anschaulichkeit der Fertigungsstufen zu unterstützen und technologischen Aspekten besser Rechnung zu tragen. Eng verbunden ist die Darstellung von Zwischengeometrien mit der Wahl der Schruppverfahren für das Fräsen.

Roh- und Zwischengeometrien weisen eine enge Beziehung zur Solloberfläche auf. Eine Lösung für die fertigungsgerechte Aufbereitung von Flächenverbänden sowie deren Nutzung für die NC-Programmierung hat in der Konzeption diese Geometrien entsprechend zu berücksichtigen.

<u>Fertigungstechnisch orientierte Verknüpfung von Einzelflächen</u>

Die konstruktiv bedingte Zerlegung der Sollgeometrie in eine Vielzahl von Einzelflächen erweist sich für die NC-Programmierung aus technologischen Aspekten als ungeeignet. Die separate Fräsbearbeitung von Einzelflächen ist unzureichend, die NC-Programmierung hierfür zeitaufwendig. Da sich jedoch eine Neudefinition der Oberfläche u.a. aufgrund der damit verbundenen Inkonsistenzen verbietet, müssen die Zusammenhangsverhältnisse der Einzelflächen (Topologie) fertigungstechnisch orientiert beschrieben werden.

Durch die Eigenschaft einer endlichen Ausdehnung von Freiformgeometrien weisen Einzelflächen zwei Arten von Grenzen auf (Bild 1.10):

- **Mathematische oder natürliche Grenzen**
  Sie sind identisch mit den an gemeinsamen Rändern aneinanderstoßenden Flächen und damit den Definitionsgrenzen einer Freiformfläche.

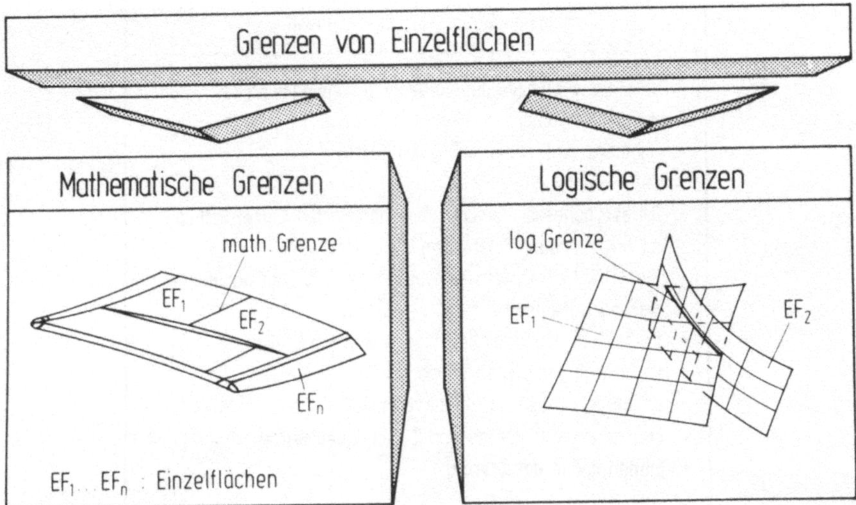

Bild 1.10: Formen von Flächenübergängen

- **Logische Grenzen**
  Sie ergeben sich bei Durchdringung oder Überlappung
  zweier Einzelflächen und schränken den Geltungsbereich gegenüber der mathematischen Beschreibung
  ein.

Dem Begriff "Grenze" wird deshalb der Vorzug gegenüber der bei
CAD üblichen Definition "Kante" gegeben, da benachbarte Einzelflächen sowohl stetige als auch tangentiale Übergänge aufweisen können.

Eine fertigungstechnisch orientierte Topologie muß den in Bild
1.11 zusammengefaßten Anforderungen und Randbedingungen entsprechen. Sie wird in der Vielzahl der Anwendungsfälle nicht
oder nur rudimentär vom CAD-System bereitgestellt / 29 /. Sie
ist eine der wesentlichen Tätigkeiten vor der Planung der
Fertigungsteilvorgänge.

**Anforderungen an eine fertigungstechnisch orientierte
Topologie von Flächenverbänden**

- Keine Auswirkungen auf die geometrische Konsistenz der Einzelflächen.
- Kohärenz an Grenzen mit geometrischen Definitionslücken.
- Die Übergangsberechnung an benachbarten Einzelflächen ist den Fertigungstoleranzen zu unterwerfen.
- Einzelflächen können eine beliebige Zahl von Nachbar- flächen aufweisen.
- Es besteht keine einheitliche Ausrichtung der Parameter von Einzelflächen.
- Beliebige Formen von Grenzverläufen.
- Einbindung von Rohteil und Zwischengeometrien.
- Eindeutigkeit der Grenzen.

<u>**Bild 1.11:**</u> Gesichtspunkte zur Definition fertigungstechnisch
orientierter Flächenverbände

Zu lösen ist diese Aufgabe in einer **automatisierten bzw. teilautomatisierten Vorgehensweise** zur Bestimmung der Grenzen eines fertigungsgerechten Flächenverbands. Die Zahl der Einzelflächen pro Flächenverband (oft > 100), eingeschränkte Darstellungsmöglichkeiten am Bildschirm und die Notwendigkeit einer vollständigen Verknüpfung ohne Definitionslücken sprechen gegen eine rein interaktiv grafische Vorgehensweise durch den NC-Programmierer. Dies ist sowohl bei der Konzeption als auch bei der Erarbeitung funktionaler Lösungen zu berücksichtigen.

1.3.3 Planung der Fertigungsaufgaben

Die Definition von Fertigungsaufgaben an Werkzeugen beginnt nach arbeitsplanerischen Gesichtspunkten / 48 / mit der Festlegung der einzelnen **Fertigungsvorgänge** und ihrer Reihenfolge. Kriterien hierfür sind z.B. unterschiedliche Fertigungsverfahren (Fräsen, Drehen,...) aber auch geschlossene

Geometriebereiche, wie sie Formeinsätze darstellen. Der Fertigungsvorgang Fräsen des Formeinsatzes erfordert, je nach Komplexität der Oberfläche, eine Zerlegung in **Fertigungsteilvorgänge**. Für diese Einteilung sind sowohl geometrische als auch technologische Gesichtspunkte ausschlaggebend. So ist es z.B. sinnvoll, lokale geometrische Ausprägungen wie Taschen etc. als gesonderte Bearbeitungen zu behandeln. Sie lassen sich aus fertigungstechnischer Sicht wiederum mindestens in zwei Teilvorgänge - Schruppen und Schlichten - gliedern.

Die Tätigkeiten zur NC-Programmierung von Fertigungsteilvorgängen beinhalten sehr viele arbeitsplanerische Aufgaben. Das Bild 1.12 stellt den Prozeß der Planung von Fertigungsteilvorgängen durch einen Optimierungskreislauf dar. Kennzeichen dieses Kreislaufs sind sog. Verifikationspunkte nach algorithmierbaren Abschnitten, die transparent anhand von Grafiken (Diagrammen etc.), grafischen Darstellungen (Fräserwege u. ä.) und Listen Rechenergebnisse aufbereiten. Sie treten an die Stelle eines notwendigen Tests auf der Fräsmaschine für die Optimierung der Bearbeitungsabläufe. Ein weiteres Merkmal des in Bild 1.12 aufgezeigten optimierenden Kreislaufs ist die Unterscheidung in sog. Soll- oder Ausgangsinformationen und Einflußgrößen auf den Prozeß. Bei beiden handelt es sich um heuristische Vorgaben. Nachstehend werden nur die Informationen und Größen betrachtet, die eine enge Beziehung zu Flächenverbänden aufweisen.

<u>Vorgabe der Ausgangsinformationen</u>

Für jeden Fertigungsteilvorgang bedarf es der Festlegung von Ausgangsinformationen, die im weiteren Verlauf der Planung nicht oder nur selten eine Veränderung erfahren.

Eine wichtige Aufgabe in Verbindung mit der dieser Arbeit zugrundeliegenden Aufgabenstellung ist die Definition der gewünschten Bearbeitungsfläche. Kennzeichen der Bearbeitungsfläche ist, daß sie einen zusammenhängenden Oberflächenbereich

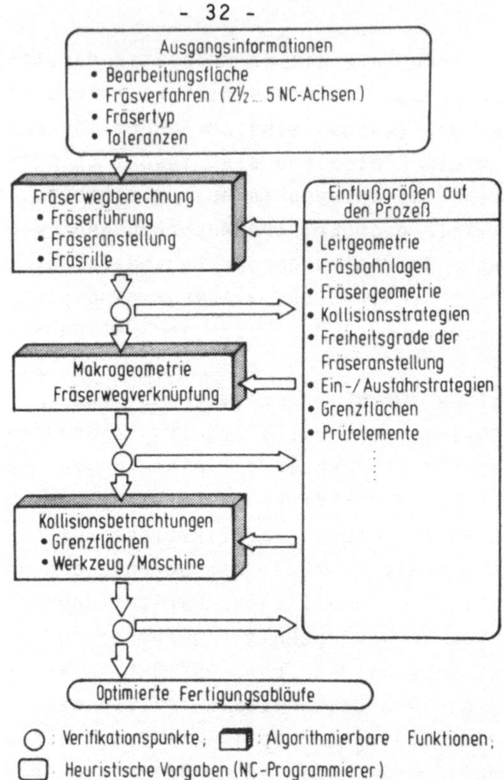

Bild 1.12: Optimierungskreislauf zur Planung von Fertigungsteilvorgängen

repräsentiert. Sie sollte aufgrund fertigungstechnischer Gesichtspunkte erfolgen und keine Abhängigkeit bezüglich der
Modellierung einer Werkzeugoberfläche aufweisen. Damit kann
eine Bearbeitungsfläche sich einmal aus einem herausgelösten
Flächenverband von Einzelflächen aus der Sollgeometrie zusam-
mensetzen oder aber nur den Ausschnitt einer Einzelfläche darstellen. Fehlende Oberflächeninformationen eines Flächenverbandes müssen durch erzeugte Füllflächen (vgl. Kap. 1.3.1) ergänzt werden.

Wesentliche Toleranzen, die die Oberflächenbeschaffenheit
bestimmen, sind in Bild 1.13 festgehalten. Während die Linea-

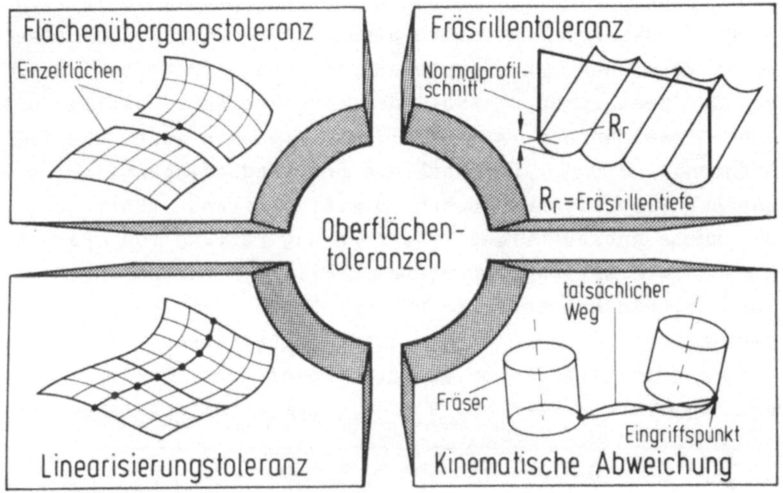

Bild 1.13: Wesentliche Toleranzen zur Oberflächengüte

risierungs- und Fräsrillentoleranz sowie der kinematische Fehler bereits in / 39,8 / eingehend beschrieben werden, bedarf die Flächenübergangstoleranz einer Erklärung. Ihre Berücksichtigung ergibt sich aus der Tatsache, daß zwischen Einzelflächen Definitionslücken auftreten, die "toleriert" werden müssen.

Einflußgrößen auf den Berechnungsprozeß und notwendige Funktionalität von Teilaufgaben

Unter den Einflußgrößen nach Bild 1.12 weist insbesondere die **Fräserführung** auf der Bearbeitungsfläche mit Hilfe von **Leitgeometrien** Anforderungen an fertigungstechnisch orientierte Flächenverbände auf. Während die fünfachsige Umfangsstirnfräsbearbeitungen von Regelflächen nach / 10 / kaum Variationsmöglichkeiten zur Fräserführung erlauben, erfordert das fünfachsige Stirnfräsen eine differenziertere Betrachtungsweise / 8 /.

Die **notwendigen Möglichkeiten der Fräserführung** für räumliche Drei- oder Fünfachsen-NC-Fräsbearbeitungen spiegelt Bild 1.14 wider. Unter dem Begriff Führungsbahn ist die Menge aller Punkte zu verstehen, an denen der Fräser bei einmaliger Überquerung der Bearbeitungsfläche dieselbe berühren soll. Die Wahl der Fräserführung ist einmal abhängig von der Oberflächenkrümmung / 8,9 /, aber auch von den Randbedingungen an den Grenzen der Bearbeitungsflächen. Dieser Umstand führt dazu, daß die heute gebräuchliche Fräserführung entlang von Parameterkurven sowie entlang von ebenen Leitlinien nur bedingt einsetzbar ist. Sie muß darüber hinaus durch die sog. **"Leitflächen"** ergänzt werden, d. h. durch eine ebene Fläche im Raum, deren Parameterlinien auf die eigentliche Bearbeitungsfläche projiziert werden (Bild 1.14). Sie verbindet eine aus

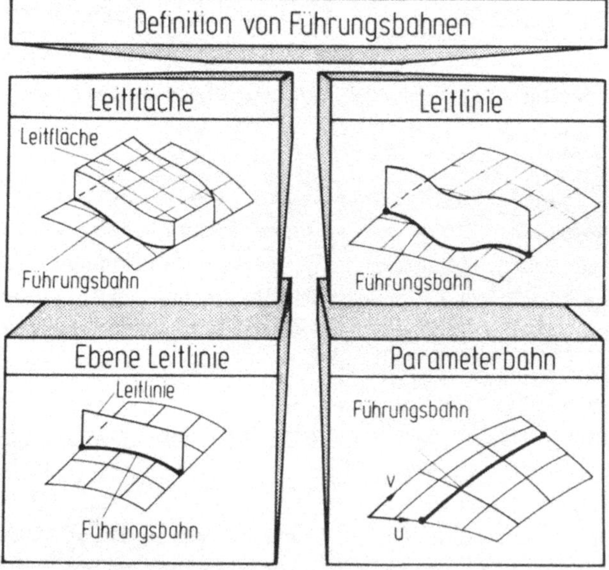

Bild 1.14: Führungsmöglichkeiten des Fräsers

technologischer Sicht optimierte Fräserführung mit gleichzeitig ausreichender Manipulierbarkeit zur Beachtung von geometrischen Hindernissen oder Grenzflächen. Letzteres erscheint wichtig, da ein so geführter Fräser eine weitestgehende Kollisionsfreiheit an den Bearbeitungsrändern aufweist und weiterführende sowie aufwendige Kollisionsbetrachtungen auf ein Minimum beschränkt. Daneben sind noch Leitkurven - eine Möglichkeit zur Abbildung einzelner Führungsbahnen - einzuführen. Beispielhaft kann das Fräsen von Nuten mit konstanter Tiefe in Freiformflächen genannt werden.

Ein fertigungsgerecht aufbereiteter Flächenverband muß insbesondere die in Bild 1.14 dargestellten Möglichkeiten einer Abbildung von Leitgeometrien erlauben. Anforderungen wie z.B. Abbildungstreue der Leitgeometrie auf die Bearbeitungsfläche oder der versatzfreie Übergang an Grenzen von Einzelflächen sind in einer Lösung zu berücksichtigen.

Die Fräseranstellung an die Oberfläche wird durch algorithmierte Unterschnittsbetrachtungen zwischen Fräser und Bearbeitungsfläche bestimmt. Mögliche Reaktionen auf einen Unterschnitt sind in Bild 1.15 festgehalten. Diese Betrachtungen

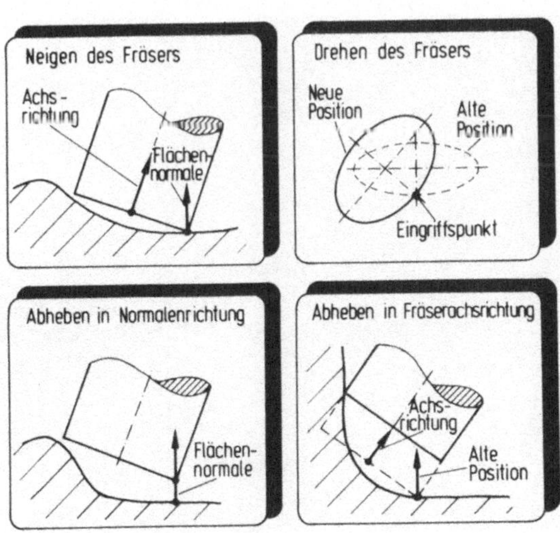

Bild 1.15: Reaktionsmöglichkeiten des Fräsers auf Unterschnitt

beruhen auf einer Abbildung der Stirnfläche des Fräsers auf
die Bearbeitungsfläche / 49 /. Anforderungen an einen fertigungstechnisch orientierten Flächenverband entsprechen damit
denen einer Projektion von Leitgeometrien.

Durch die auszugsweise Definition des inhaltlichen Ablaufs einer NC-Programmierung von ur- und umformenden Werkzeugen konnte aufgezeigt werden, welche Tätigkeiten zur fertigungsgerechten Aufbereitung von Flächenverbänden sowie zur Planung
von Fertigungsaufgaben in Verbindung mit Verbänden zu unterstützen sind. Da die vorgestellte Vorgehensweise derzeit kein
System zur NC-Programmierung unterstützt, wird ein Systemkonzept notwendig, das von einer benutzerorientierten Auslegung über die Einbindung in technischen Informationsfluß bis
zum Softwarekonzept reicht.

2   Aufgabenstellung

Basierend auf dem Stand der Technik und der Vorgehensweise zur NC-Programmierung im Formenbau (Kap. 1.3) konzentriert sich vorliegende Arbeit das fertigungsgerechte Aufbereiten von **Flächenverbänden sowie die Nutzung dieser Verbände bei der NC-Programmierung.** Hieraus abgeleitet sind folgende Aspekte zu erarbeiten:

-Systemkonzept einer NC-Programmierung im Formenbau
Entwicklung eines Systemkonzepts, das die Vorgehensweise zur NC-Programmierung (Kap. 1.3) entsprechend organisatorisch und funktional unterstützt und die Schnittstellen zu CAD und NC-Werkzeugmaschinen nach Form und Inhalt berücksichtigt.

-Fertigungstechnisch orientiertes Werkstückmodell
Entwicklung eines fertigungstechnisch orientierten Werkstückmodells für eine NC-gerechte Bereitstellung der Geometrieinformationen von Freiformflächen. Diesem Modell kommt eine zentrale Bedeutung zu, da es die geometrische Grundlage für sämtliche Aufgaben zur NC-Programmierung bildet.

-Anwendungsfunktionen zum fertigungstechnisch orientierten Werkstückmodell
Aufzeigen komplexer Anwendungsfunktionen bzw. -module zur Geometrieverarbeitung unter dem Aspekt der bearbeitungsgerechten Verknüpfung von Einzelflächen. Sie bilden die Basis einer benutzerfreundlichen Vorgehensweise.

-Realisierung des Systemkonzepts zur NC-Programmierung im Formenbau
Die erarbeiteten Grundlagen sind an praxisgerechten Bearbeitungsaufgaben zu testen, wobei bei der Technologieverarbeitung teilweise auf bisherige Lösungsansätze von ISWAX5-"Batch" zurückgegriffen wird.

Die nachfolgende Behandlung dieser Aspekte erfolgt in der oben aufgeführten Reihenfolge.

3   Systemkonzept einer NC-Programmierung im Formenbau

Auf eine Auslegung des Systemkonzepts üben nicht nur die benutzerorientierte Vorgehensweise nach Kapitel 1.3 bzw. / 45 /
und ihre Erfordernisse einen Einfluß aus. Ihnen gleichgestellt
sind insbesondere Randbedingungen zum technischen Informationsfluß, die Beachtung finden müssen. Ziel der folgenden
Ausführungen ist es deshalb, eine Definition des Systemkonzepts in die Aspekte benutzerorientierte Auslegung, Einbindung in den technischen Informationsfluß und das sich hieraus ergebende Softwarekonzept zu gliedern. Der Begriff Software umfaßt in dieser Arbeit Programme, Daten und Schnittstellen. Die Dokumentation bleibt ausgeklammert.

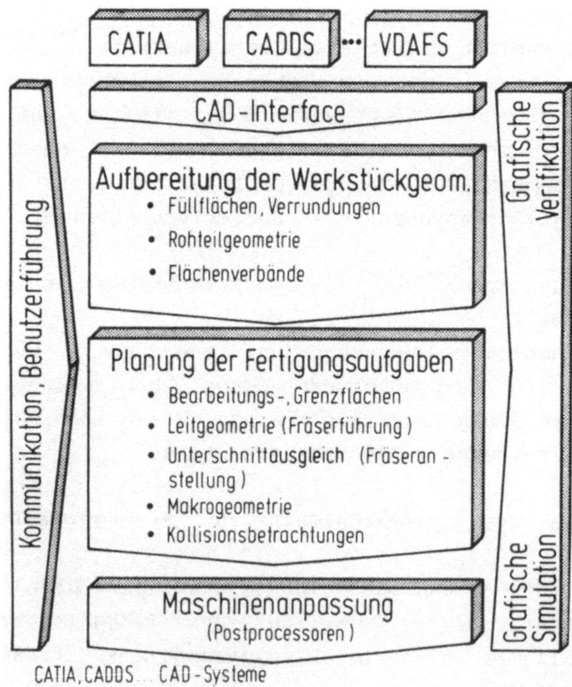

Bild 3.1: Benutzerorientierte Systemauslegung

3.1   Benutzerorientierte Systemauslegung

Unter einer benutzerorientierten Systemauslegung soll der
Aspekt des Systemkonzepts verstanden werden, der auf Basis
einer inhaltlichen Vorgehensweise zur NC-Programmierung im
Formenbau (Kap.1.3) eine Unterteilung in funktional zugeschnittene Unterstützungsaufgaben für den Benutzer vornimmt.
Wesentliche Komponenten dieser Auslegung sind im Bild 3.1
festgehalten. Kennzeichen dieser Darstellung ist die klammer-
artige Einbindung der NC-Programmierfunktionen einerseits in
eine Kommunikation mit dem Benutzer, zum anderen in eine grafische Verifikation und Simulation. Sie drückt die begleitende
Funktion letztgenannter Komponenten aus.

Die modular aufgebaute Struktur nach Bild 3.1 orientiert sich
an den in Bild 1.7 festgehaltenen Phasen und den damit verbundenen Tätigkeiten zur NC-Programmierung. Beginnend mit der
Übernahme von Geometrieinformationen über ein universelles
CAD-Interface, folgt im Aufgabenkomplex Geometrie die Aufbereitung dieser Informationen zu einem fertigungstechnisch
orientierten Werkstückmodell. Ihr schließt sich die NC-Planung
mit der Bestimmung von Ausgangsinformationen sowie der Opti-
mierungsparameter - z. B. die Definition von Leitflächen - und
der Technologieverrechnung an. Den Abschluß bildet die Erzeugung der Fertigungsunterlagen, in Bild 3.1 unter dem Begriff
Postprocessoren zusammengefaßt.

3.2   Einbindung in den technischen Informationsfluß

Die NC-Programmierung hat sich in den technischen Informationsfluß des Betriebs einzugliedern. Er sorgt für die Bereitstellung der zur Durchführung eines Fertigungsauftrags notwendigen Daten über Gestalt und Bearbeitungsrichtlinien.
Die mit der Automatisierung des technischen Informationsflusses verbundenen Ziele im Formenbau, wie die Verkürzung der
Herstellzeit von ur- und umformenden Werkzeugen oder eine

Verschleißoptimierung, setzen nicht nur eine hinreichend leistungsfähige Rechnerunterstützung der Bereiche Konstruktion und NC-Programmierung voraus. Sie ist zu ergänzen durch eine effiziente Verknüpfung von Komponenten der gesamten Anwendungskette. Beispielhaft für die Notwendigkeit einer engen, bereichsübergreifenden Verbindung, die sich nicht auf einen unidirektionalen Datenaustausch beschränkt, kann die funktionale Unterstützung zur Definition der Rohteilgeometrie durch CAD-Systeme oder aber die Nutzung von Grundfunktionen der NC-Programmierung an der NC-Maschine für Optimierung und Korrektur von NC-Steuerdaten genannt werden.

Diese Notwendigkeit zeigt in absehbarer Zeit verstärkt Auswirkungen auf die benutzerorientierte Systemrealisierung. Die in Bild 3.1 aufgezeigten Aufgabenbereiche sind so zu konzipieren, daß sie nicht nur zu einer eigenständigen Lösung zusammengefaßt werden können, sondern auch eine Integration der einzelnen Aufgaben in fremde Softwareumgebungen wie

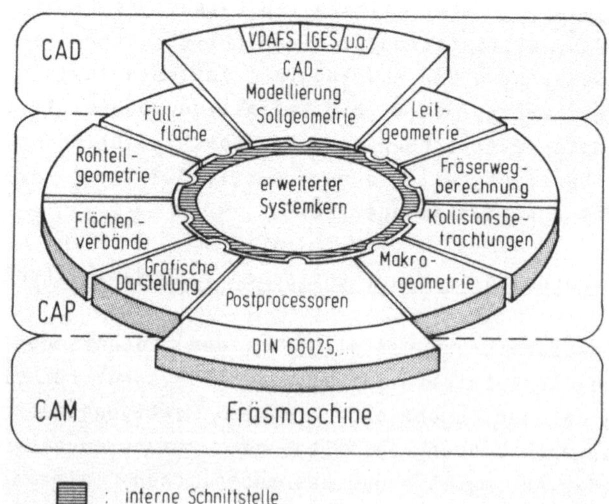

Bild 3.2: Einbindung eigenständiger NC-Programmierfunktionen in CAD-Umgebung

die von CAD-Systemen erlauben. Dies impliziert eine hohe Eigenständigkeit der Einzelaufgaben und die Verknüpfung mit dem CAD-Systemkern über eine, wie in Bild 3.2 dargestellt, interne Schnittstelle. Diesem Umstand ist in einem Softwarekonzept der Einzelaufgaben entsprechend Rechnung zu tragen.

3.3 Softwarekonzept

Um der Forderung einer Einbindung in CAD-Systemumgebungen künftig gerecht werden zu können, erweist sich die in Bild 1.4 vorgestellte Konzeption dialogorientierter CAD-Systeme als geeigneter Lösungsansatz für ein Softwarekonzept. Dabei entsprechen die Einzelaufgaben nach Bild 3.1 den Anwendungsmodulen (Bild 1.4), die sich um einen Systemkern reihen. Während jedoch der CAD-Systemkern im wesentlichen aus dem CAD-Werkstückmodell besteht, setzt er sich für ein System zu NC-Programmierung aus unterschiedlichen Modellen zusammen (Bild 3.3). Sie unterstützen auf differenzierte Art und Weise den Vorgang der NC-Programmierung.

Dieses Konzept beruht auf der Trennung in "lokale", auf die jeweilige Problemstellung ausgerichteten Anwendungsmodule und sog. übergreifende Querschnittsaufgaben. Letztere ergeben aus ihrer Gesamtheit die Gruppe der Modelle als Systemkern. Der Informationsaustausch erfolgt mit Hilfe einer internen Schnittstelle, über die eine Integration in CAD-Systemumgebung - wie in Bild 3.3 angedeutet - erreicht werden kann. Der Vorteil dieses Konzepts liegt einmal in der Möglichkeit Zwischen- und Endergebnisse während der NC-Programmierung permanent im Systemkern durch entsprechend ausgerichtete Modelle zu speichern und damit eine Voraussetzung für eine effiziente Vorgehensweise zur Optimierung zu bieten. Darüber hinaus bietet es eine gute Grundlage, "alte" Lösungsansätze aus ISWAX5 -"Batch" aber auch künftige Anwendungsfunktionen integrieren zu können. Den Modellen des Systemkerns kommt dabei durch ihren Dienstleistungscharakter für Anwendungsmo-

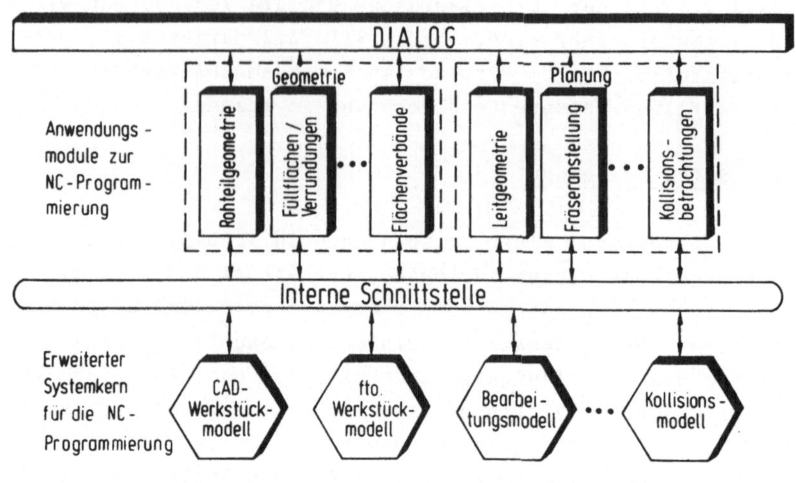

Bild 3.3: Unterteilung der NC-Programmierfunktionen in Anwendungsmodule und Modelle

dule besondere Bedeutung zu. Eine Vorgehensweise zu ihrer umfassenden Definition erscheint unter dem Aspekt der Entwicklung eines fertigungstechnisch orientierten Werkstückmodells notwendig (Bild 3.4) / 33 /.

Wie Kap. 1.2 bereits erwähnt, setzt sich ein Modell aus Daten, Strukturen und Algorithmen zusammen. Der Modelliervorgang ist die Umsetzung realer Objekte, Probleme, Aufgaben und Sachverhalte in eine rechnerinterne Darstellung. Die Modellbildung verfolgt das Ziel einer Festlegung der für das Modell relevanten Realitätsbestände / 27 /. Sie entspricht damit der Entwicklung der Modellmächtigkeit, wobei der Problemstellung - im vorliegenden Fall die NC-Programmierung und der damit verbundenen Sicht auf die Realität - Rechnung zu tragen ist.

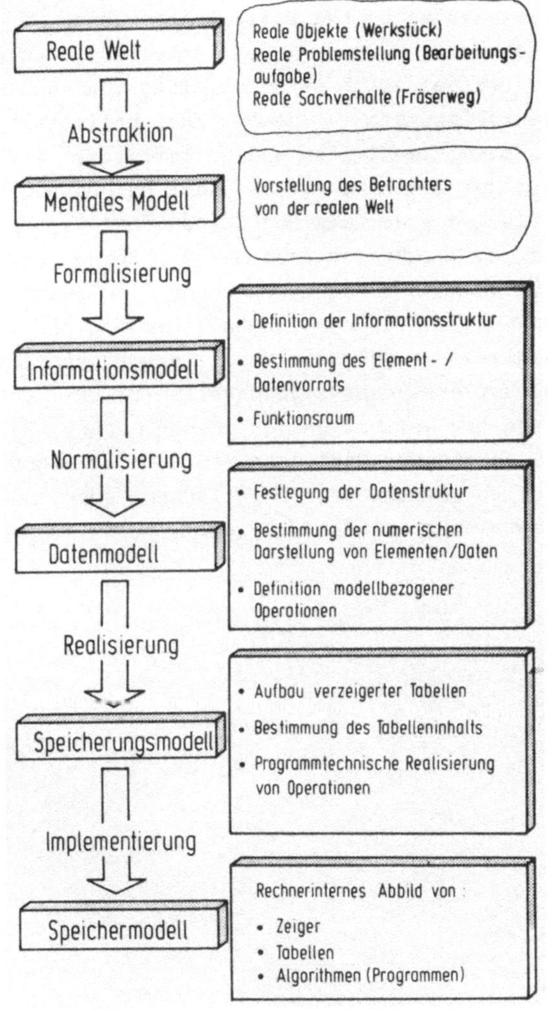

Bild 3.4: Umsetzung einer "realen Welt" in eine rechnerorientierte Darstellung

Unter den aufgezeigten Modellen nach Bild 3.3 kommt dem fertigungstechnisch orientierten Werkstückmodell innerhalb der NC-Programmierung eine zentrale Bedeutung zu. Es verbindet durch

die Übernahme von Geometriedaten die NC-Programmierung mit der
Konstruktion. Weiterhin bildet es eine grundlegende Ausgangsinformation zu unterschiedlichen Anwendungsmodulen für
die Planung von Fertigungsaufgaben und weist eine enge Verbindung zum Bearbeitungsmodell / 39 / - es unterstützt die
Planung von Fertigungsaufgaben durch Bereitstellung von Funktionen zu Technologieverrechnungen - sowie zum Kollisionsmodell / 50 / - dieses dient dem Prüfen auf geometrische Kol-
lisionen im Arbeitsraum der Maschine - aus. Heutige Lösungen
zu diesen Aufgabenstellungen sind, wie der Stand der Technik
ausweist, unzureichend, da Flächenverbände derzeit keinen oder
nur mit großen Restriktionen verbundenen Eingang in heutige
Vorgehensweisen zur NC-Programmierung finden. Die folgenden
Kapitel behandeln aus diesem Grund den Modelliervorgang des
fertigungstechnisch orientierten Werkstückmodells für ur- und
umformende Werkzeuge und die Definition von neuen, nach Kapitel 1.3 notwendigen, Anwendungsfunktionen wie die Erzeugung
bearbeitungsgerechter Flächenverbände, Füllflächen oder die
Anwendung von Leitgeometrien zur Fräserführung.

4 Das fertigungstechnisch orientierte Werkstückmodell

Die Definition eines fertigungstechnisch orientierten Werkstückmodells für Werkzeuge geschieht mit der Zielsetzung, eine
wirksame Unterstützung für die NC-Programmierung zu bieten.
Die Modellbildung beruht hierbei auf der Vorgehensweise nach
Bild 3.4. Ausgangspunkt der Betrachtung auf die reale Welt
bildet die Sicht des Arbeitsplaners bzw. NC-Programmierers auf
das Werkstück. Damit unterscheidet es sich inhaltlich von CAD-
orientierten Modellen, die nach gleicher Vorgehensweise mit
der gestaltungsorientierten Sicht des Konstrukteurs auf das
Werkstück beschrieben werden / 27,33 /. Sie grenzt sich aber
auch gegen den in / 46 / zugrundeliegenden Ansatz zur Definition einer NC-gerechten Beschreibung von Werkstücken ab, da
diese zu stark die informationsverarbeitende Sicht auf das
Werkstück betont und mit dem Versuch einer volumenorientierten
Darstellung wesentliche Anforderungen bzw. Randbedingungen zur
NC-Programmierung unberücksichtigt läßt.

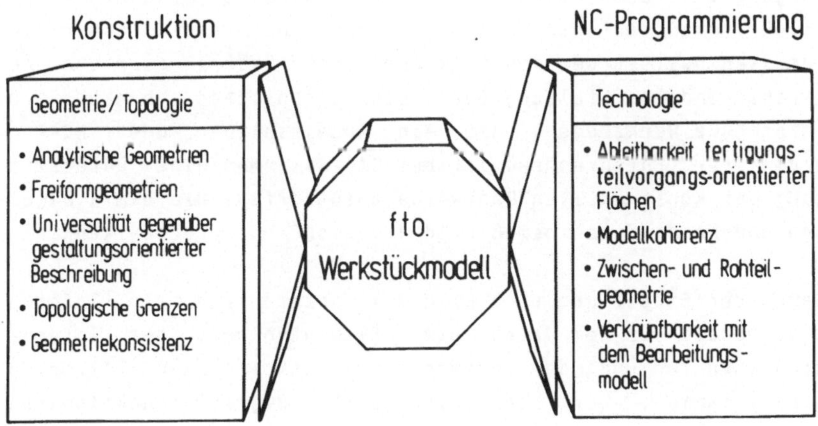

fto.... fertigungstechnisch orientiert

__Bild 4.1:__ Anforderungen an ein fertigungstechnisch orientiertes Werkstückmodell von Werkzeugen

Bild 4.1 faßt die Anforderungen an ein fertigungstechnisch orientiertes Werkstückmodell zusammen. Sie resultieren aus der Sicht der NC-Programmierung auf das reale Objekt, im vorliegenden Anwendungsfall dem formgebenden Bereich eines Werkzeugs. Unter dem Aspekt einer Informationsübernahme aus dem konstruktiven Bereich (CAD) zeichnen sich zwei Einflußblöcke ab. Dies sind einmal geometrische und topologische Notwendigkeiten aufgrund der Unzulänglichkeit einer CAD-orientierten Werkstückbeschreibung aber auch Anforderungen aus der Fertigungstechnologie während der NC-Programmierung.

4.1   Das Informationsmodell

Durch Abstraktion und Formalisierung gilt es, das reale, technische Objekt Umformwerkzeug in ein Informationsmodell umzusetzen. Wichtige Zwischengröße dieses Umsetzungsprozesses ist das "Mentale Modell". Es entspricht den Vorstellungen des Betrachters von der Realität und spiegelt das tatsächliche Objekt vollständig oder teilweise wieder. Wesentlich für den Vorgang der Abstraktion ist - wie bereits erwähnt - die Blickrichtung auf das Objekt. Aufgrund unterschiedlicher Interessen besitzt der Konstrukteur eine anders geartete abstrahierende Vorstellung über ein technisches Objekt, z.B. umformende Werkzeuge , als ein Arbeitsplaner oder NC-Programmierer. Entsprechend ist bei CAD-Systemen eine Unterstützung der konstruktiven Denkweise anzutreffen, die damit Belangen und Forderungen gemäß Bild 4.1 nicht entsprechen kann.

Gemäß der Einteilung nach Bild 3.4 setzt sich ein Informationsmodell aus dem Daten- bzw. Elementvorrat, der Informationsstruktur und dem notwendigen Funktionsraum (Algorithmen) zusammen. Der hier eingeführte Begriff Funktionsraum steht stellvertretend für die Aufzählung notwendiger Operationen des Modells. Mit der Definition dieser Komponenten erfolgt eine Festlegung der Leistungsfähigkeit des rechnerinternen Modells. Beispielhaft sei aus dem CAD-Bereich die Auslegung eines 3D-Volumenmodells genannt , das andere Funktionalität, Struktur und Elemente aufweist als ein 2D-Zeichnungssystem.

4.1.1 Informationsstruktur

Der Informationsstruktur kommt die Aufgabe zu, die gedankliche Gliederung über die Gestalt des technischen Objekts "Werkzeug" abstrahiert wiederzugeben. Bild 4.2 zeigt das entsprechende Schema der Informationsstruktur auf.

Kennzeichen einer Informationsstruktur ist das Zusammenfassen von Elementen gleichen Typs in sog. Objektebenen. Das Bild 4.2 läßt weiterhin erkennen, daß Elemente einer Ebene durch Objekte der nächst niederen Ebene spezifiziert werden. Beziehungen zwischen Objektebenen können mehrdeutig sein. Dies hat Konsequenzen für die Struktur des Datenmodells.

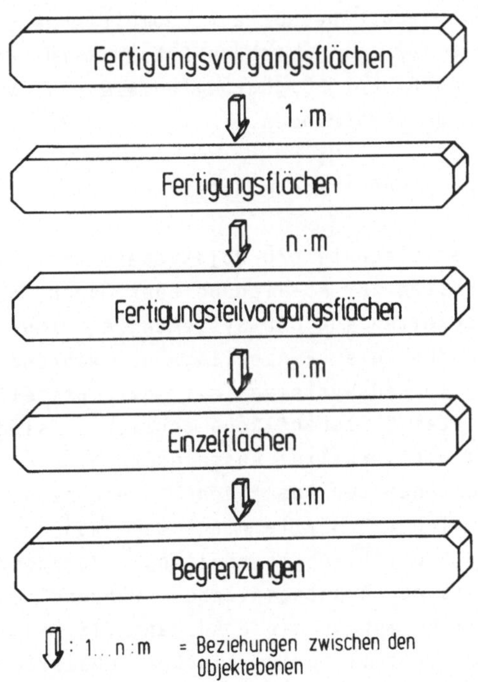

<u>Bild 4.2:</u> Informationsstruktur einer fertigungstechnisch orientierten Beschreibung ur- und umformender Werkzeuge

Das Schema in Bild 4.2 kommt der Denkweise des Arbeitsplaners oder NC-Programmierers entgegen und unterscheidet sich damit von der in / 48 / aufgezeigten gestaltungs - bzw. konstruktionsorientierten Struktur. Es umfaßt sowohl analytische Geometrien als auch die Darstellung von Freiformflächen an Werkzeugen . Ausgehend von der gesamten Werkzeugdarstellung beginnt sie mit der Einteilung in sog. Fertigungsvorgangsflächen und setzt sich fort über Fertigungsflächen und -teilvorgangsflächen bis hin zu den Einzelflächen. Diese Systematik ist geprägt durch den Umstand, daß es während der Planung zur Anwendung unterschiedlicher Fertigungsverfahren kommen kann, die jeweils eine andere geometrische Beschreibung nach Form und Dimensionierung notwendig machen. Die folgenden Betrachtungen konzentrieren sich jedoch bewußt auf geometrische und funktionale Belange des 2 1/2 ... 5-Achsen-Fräsens im formgebenden Bereich. Ausführungen über Folgearbeiten wie das NC-Schleifen bedürfen weiterer Untersuchungen.

4.1.2 Elemente des Informationsmodells

Eine Festlegung der Elemente pro Objektebene hat sich einmal an den Notwendigkeiten zur NC-Planung aber auch an den Beschreibungsmöglichkeiten von CAD-Systemen zu orientieren. Dies gilt insbesondere für die Einzelflächen. Während der konstruktive Vorgang in CAD-Systemen mit der Erstellung einer funktionsorientierten Solloberfläche schließt, sind für die NC-Programmierung die jeweilige Ausgangsoberfläche sowie gewollte Zwischenzustände der Oberfläche zu ergänzen. Ihre Notwendigkeit zeigt sich schon allein aus dem Wunsch einer effektiven Schrupp- und Schlichtbearbeitung. Voraussetzung ist jedoch die Kenntnis der Ausgangsflächen während der NC-Programmierung. Da im Formenbau diese Ausgangsflächen bei kleineren Werkstücken oftmals prismatischen Charakter besitzen oder aber im Falle großformatiger Formeinsätze durch definierte Formen vorgegeben werden, ist davon auszugehen, daß entsprechende Informationen während der NC-Programmierung bekannt sind beziehungsweise durch Abtasten des Rohteils erzeugt

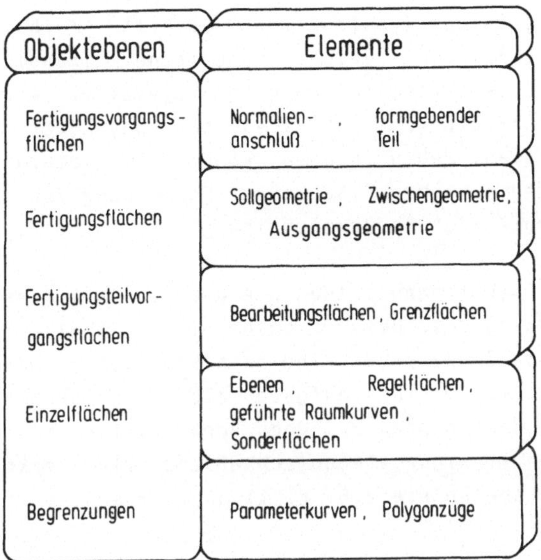

Bild 4.3: Elemente der Objektebenen

werden. Nach Bild 4.3 bilden die Soll-, die Zwischen- und die Ausgangsgeometrie die Elemente der Objektebene Fertigungs-flächen.

Fertigungsteilvorgangsflächen leiten sich aus der Notwendigkeit ab, die Bearbeitung vielfach in lokal begrenzte Teilvorgänge zu gliedern. Diese Einteilung geschieht in der Regel nach fertigungstechnischen Aspekten. Letztere können begrenzte Geometrien wie Taschen sein oder aber durch eine Unterteilung in Schrupp- und Schlichtvorgänge gegeben sein. In jedem Fall liegt ihre Definition in der Verantwortung des NC-Programmierers, der aufgrund seiner Erfahrung in der Lage ist, zugeschnittene Einteilungen an der Bearbeitungsaufgabe vorzunehmen. Für ein zu konzipierendes Modell zeigt sich damit die Notwendigkeit, diese Einteilung durch entsprechende Möglichkeiten zu unterstützen. Dies sind Gliederungen nach Bearbeitungs- oder auch Grenzflächen, die den Bewegungsraum des Fräsers einschränken.

Einzelflächen haben, sofern sie der Sollgeometrie angehören, ihren Ursprung in der Konstruktion. Es gilt hierbei im Datenmodell festzulegen, welche numerische Grundlagen zur Beschreibung dieser Einzelflächen bereitgestellt werden müssen, um den Anspruch auf Universalität gegenüber CAD-Daten Genüge zu leisten. Neben diesen konstruktiv bedingten Einzelflächen finden ebenso Flächen zur Formgebung von Zwischen- und Rohteilgeometrien Berücksichtigung.

Die unterste Objektebene bilden die Grenzen. Sie dienen einmal der Einschränkung des Definitionsbereichs. Mögliche zu berücksichtigende Grenzformen sind nach Kap. 1.3.1 mathematisch oder logisch. Eine weitere Aufgabe, die ihnen zukommt, ist die Abbildung von Beziehungen zwischen benachbarten Einzelflächen im Sinne einer fertigungstechnisch orientierten Verknüpfung zu höheren Objektebenen wie z.B. Fertigungs- oder -teilvorgangsflächen.

4.1.3 Der Funktionsraum des Informationsmodells

Die dritte Komponente zur Bildung des Informationsmodells ist die Festlegung des Funktionsraums, der in Verbindung mit dem Informationsschema und den Elementen pro Objektebene, das Leistungsvermögen des rechnerinternen Modells bestimmt. Der Funktionsumfang ist auszurichten an den Restriktionen und Anforderungen nach Bild 4.1, die sich aus der Sicht der NC-Programmierung auf das technische Objekt "Werkzeug" ergeben. Weitere Bedingungen leiten sich aus der Stellung von Modellen im Softwarekonzept nach Bild 3.3 ab.

Das Bild 4.4 beschreibt den notwendigen Funktionsraum eines fertigungstechnisch orientierten Werkstückmodells, der sich, den angegebenen Schnittstellen gehorchend, in zwei Bereiche gliedern läßt. Die Verwaltung zeichnet verantwortlich für die Handhabung der Struktur und der gespeicherten Elemente. Der Bereich Operationen bildet die funktionale Schnittstelle zu

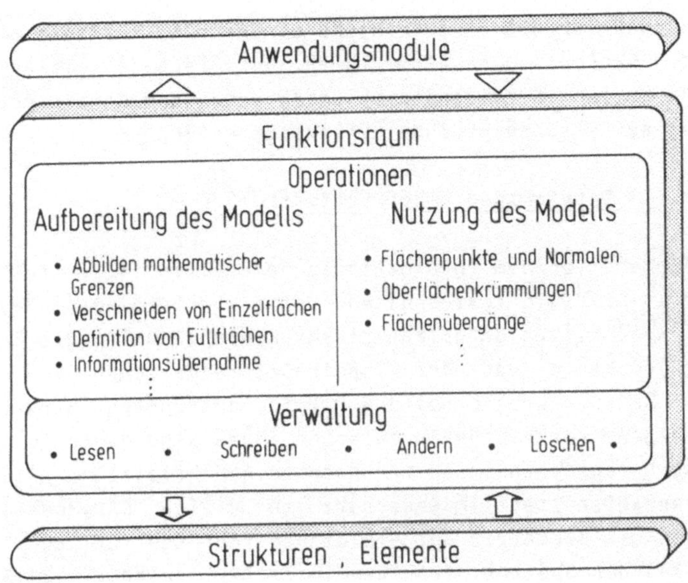

Bild 4.4: Funktionsumfang eines fertigungstechnisch orientierten Modells für den formgebenden Bereich

den Anwendungsmodulen. Er unterteilt sich in die Erzeugung und die Nutzung der Modellinformationen. Durch eine interne Schnittstelle ist ein Zugriff des operationalen Teils auf Verwaltungsfunktionen möglich. Lösungen im Funktionsraum sind Bestandteil der Herleitung des Datenmodells. Diese Arbeit stellt dabei die Funktionen in den Vordergrund der Betrachtungen, die sich notwendigerweise aus ihrer Aufgabenstellung, Flächenverbände zu behandeln, ergeben. An sie ist die Forderung nach einem automatisierten Ablauf zu stellen, da der Benutzer über die Anwendungsfunktionen nur einen indirekten Zugriff auf das Modell besitzt.

4.2   Das Datenmodell

Die Entwicklung des Datenmodells knüpft an den vom Informationsmodell gesteckten Rahmen an und formuliert detailliert

Lösungen für die drei Bereiche Strukturen, Elemente bzw. Daten und Funktionen oder Algorithmen. Entsprechend dieser Einteilung sollen im folgenden Lösungen unter dem Aspekt der Anwendung auf Flächenverbände aufgezeigt werden.

4.2.1 Entwicklung einer Datenstruktur

Ausgehend von dem Informationsschema (Bild 4.2) leitet sich die in Bild 4.5 festgehaltene detailliertere Blockdarstellung ab. Wesentliche Grundlage dieser Konzeption ist die Behandlung der Geometrie- und der Topologieinformationen als Elemente bzw. Daten. Ihre Verwaltung hat in getrennten Strukturen zu erfolgen; Verknüpfungen zwischen ihnen sind durch die Schaffung entsprechender Beziehungen zu gewährleisten. Diese Vorgehensweise steht im Gegensatz zu vielen CAD-Modellen, bei denen die Geometrie durch Elemente repräsentiert und Topologie anhand der Speicherstruktur impliziert wird / 33,34,51 /.

Die Gründe für die gewählte Darstellung von Geometrie und Topologie nach Bild 4.5 lassen sich wie folgt formulieren:

- **Universalität gegenüber CAD-Informationen**
  Geometrie und Topologie können am CAD-Interface (Bild 3.1) ohne besonderen strukturellen Aufbau getrennt - sie sind insbesondere im Topologiebereich durch unvollständige Informationen gekennzeichnet - übernommen werden.

- **Statisches Verhalten der Geometrie**
  Anders als bei CAD-orientierten Geometriemodellen besteht die Hauptaufgabe eines fertigungstechnisch orientierten Modells nicht in der Reaktion auf die flexible Dimensionierung geometrischer Elemente und den damit verbundenen topologischen Auswirkungen, die eine enge Verknüpfung von Geometrie und Topologie notwendig machen, sondern in der Ableitung geometrischer Grundinformationen wie Flächenpunkte, Normalen etc. Dies gilt in ähnlicher Weise für die Rohteil- und Zwischengeometrie, da ihre Dimensionierung in der Regel einmalig erfolgt.

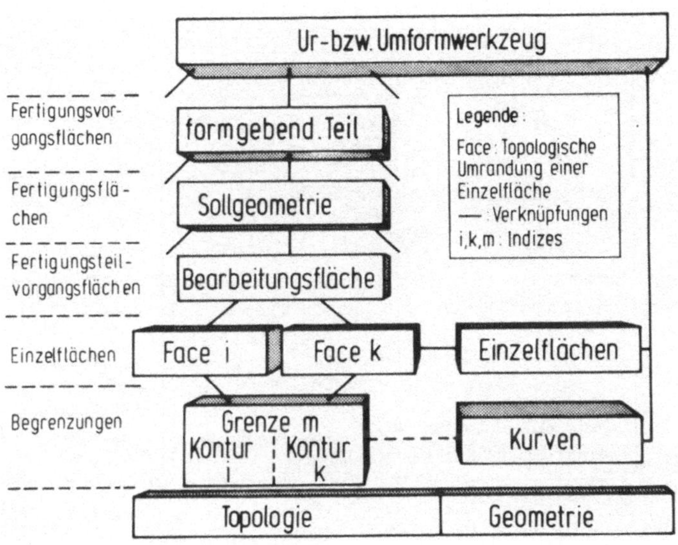

Bild 4.5: Blockdarstellung einer fertigungtechnisch orientierten Beschreibung von Ur- und Umformwerkzeugen

- Definition von Flächenverbänden

Während der NC-Programmierung ist man gezwungen, auf der Objektebene der Fertigungsteilvorgangsflächen jeweils neue Flächenverbände aus der Gesamttopologie der Fertigungsflächen abzuleiten. Diese aus fertigungstechnischer Sicht notwendige Maßnahme darf jedoch zu keinerlei geometrischen Auswirkungen auf die Solloberfläche führen. Hierzu eignet sich die getrennte Verwaltung von Geometrie und Topologie.

Die Aufgabe, Elemente bzw. Daten strukturiert in Rechenanlagen abzuspeichern, stellt ein grundlegendes Problem der Informatik dar. Man unterscheidet prinzipiell drei Lösungsansätze / 52, 53 /, deren Vor- und Nachteile in Bild 4.6 zusammengefaßt sind.

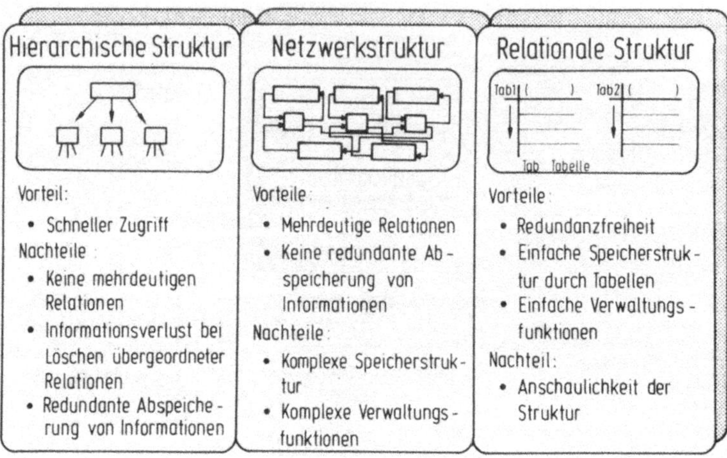

Bild 4.6: Vor- und Nachteile alternativer Beschreibungsmöglichkeiten von Strukturen

Nach Abwägung der Möglichkeiten dieser alternativen Beschreibungsformen erscheint der relationale Ansatz am besten geeignet, Geometrie und Topologie gleichrangig zu behandeln. Bild 4.7 zeigt in Anlehnung an die Blockdarstellung nach Bild 4.5 die Überführung der Informationsstruktur in eine relationale Darstellung mit der ihr charakteristischen Definition von Tabellen semantisch gleicher Datensätze (Relationen).

Während auf den Ebenen Fertigungsvorgangsflächen, Fertigungsflächen sowie Fertigungsteilvorgangsflächen die getrennte Verwaltung von Information und Namen vorwiegend aus Gründen der Redundanzvermeidung vorgenommen wird, kommt ihr auf der Ebene der topologischen Fläche (Face) eine besondere Bedeutung zu. Einmal verweist der Name der topologischen Fläche auf die Geometrie der Einzelflächen. Entscheidend ist aber der sich daraus ableitende Umstand, daß mehrere topologische Flächen mit unterschiedlichen topologischen Grenzen auf einer geometrischen Einzelfläche gehören können. Damit wird die Definition

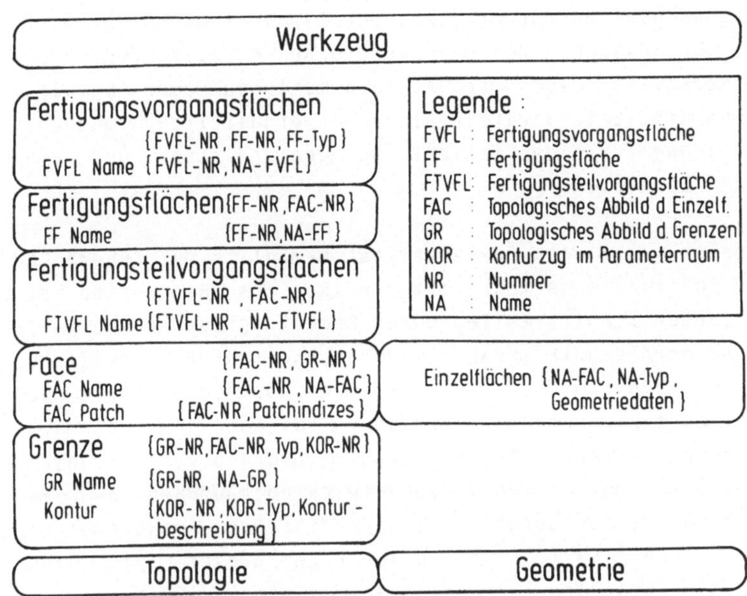

Bild 4.7: Relationale Darstellung einer fertigungstechnisch orientierten Beschreibung von Werkzeugen

insbesondere der Fertigungsteilvorgangsflächen zufriedenstellend unterstützt.

4.2.2 Numerische Darstellung von Elementen im Datenmodell

Eine rechnerinterne Abbildung von realen Objekten setzt eine numerische Erfassung formalisierter Elemente (Bild 3.4) der Objektebenen nach Bild 4.2 voraus. Aus der relationalen Darstellung der Struktur (Bild 4.7) geht hervor, daß eine Beschreibung von geometrischen Elementen sich im wesentlichen auf die Ebenen "Einzelfläche" und "Grenze" beschränkt. Übergeordnete Bereiche setzen sich aus diesen Elementen zusammen und greifen auf diese Informationen zurück. Es ist weiterhin ersichtlich, daß eine numerische Erfassung topologische und geometrische Elemente beinhalten muß.

Randbedingungen für die Wahl der Darstellung bilden z. B. die Art der Anwendung des rechnerinternen Modells, der Wunsch nach Universalität gegenüber CAD-Informationen oder entwicklungstechnische Erfordernisse wie eine einheitliche mathematische Abbildung für eine Vielzahl von geometrischen und topologischen Elementen.

Die Forderung nach Universalität bezüglich der Übernahme von CAD-Informationen führt zwangsweise zum Betrachten standardisierter Schnittstellen unter Beachtung der in Kap. 1.2 zum Stand der Technik genannten Möglichkeiten zur Modellierung des formgebenden Bereichs an Werkzeugen. Standardisierte Schnittstellen zur Geometrieübertragung dienen dem Datenaustausch zwischen Systemen. Sie entstanden aufgrund von Normungsbestrebungen mit der Absicht, den Entwicklungsaufwand an Pre- und Postprocessoren durch ein standardisiertes Austauschformat zu minimieren / 54 /. Wichtige Vertreter dieses Typs sind IGES (Initial Graphics Exchange Specification) / 55 / oder die VDA-Flächenschnittstelle (VDAFS) / 56,57 /. Der Elementvorrat dieser Schnittstelle ist in Bild 4.8 festgehalten.

Die geometrische Darstellung von Freiformgeometrien wird bei der VDAFS auf die Standard-Polynominalform beschränkt, d.h. der Nenner ist eins (vgl. Gl. (4.1)). Da die verbreitetsten Geometrieinterpolatoren wie Coons und Bézier sich auf diese Form umrechnen lassen, kann sie als weitgehend universell angesehen werden. Sie findet aufgrund von Ungenauigkeiten bei der Umrechnung auf diese Form ihre Grenzen bei Freiformflächen, deren Netzlinien in u- und v-Richtung stark von einer orthogonalen Beschreibung abweichen. Die Definition topologischer Elemente greift ebenfalls auf die Polynominalform zurück, wobei mathematische und logische Grenzen im Parameterraum durch Kurven höherer Ordnung dargestellt werden. Weitere Elemente dienen der Beschreibung von Strukturen und Zusammenhängen innerhalb eines Schnittstellenfiles.

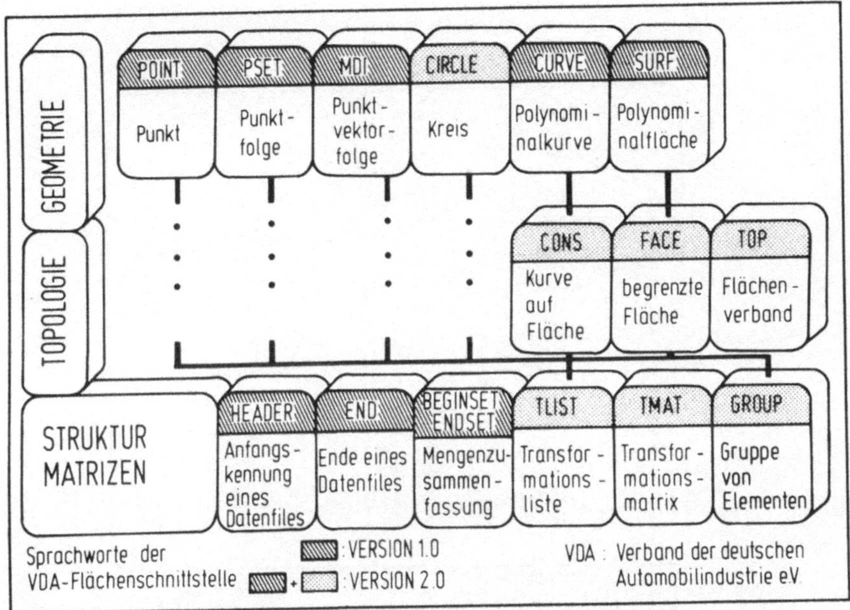

Bild 4.8: Elementvorrat der VDA-Flächenschnittstelle (VDAFS)

Die Einbeziehung der Rohteilgeometrie setzt weitere Forderungen an die mathematische Darstellung geometrischer Elemente. Wie in Bild 1.9 aufgezeigt, kann das Rohteil durch einfache analytische Grundgeometrien wie prismatische Körper
beschrieben werden. Eine Verknüpfung der Polynominalform von
Freiform- und analytischen Flächen erreicht man über die pa-
rametrisierte, rationale Darstellung der Polynominalform. Sie
ermöglicht eine fehlerfreie Abbildung von Zylindern, Kegeln,
Quadern etc. / 55,58 /.

Unter dem Aspekt einer weitgehend universellen Informationsübernahme aus CAD-Systemen richtet sich die mathematische Darstellung nach den Möglichkeiten der VDAFS (Bild 4.9). Eine
erneute Umrechnung auf andere Formen muß aufgrund einer Ver-
größerung des numerischen Fehlers ausgeschlossen werden.

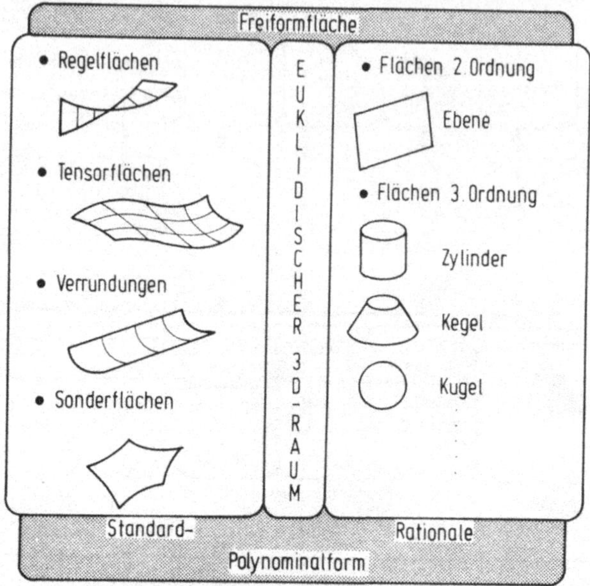

Bild 4.9: Geometrische Elemente des Datenmodells

Darüber hinaus ist insbesondere die Erzeugung der Ausgangsgeometrie durch den Einbezug der rationalen Polynominalform zu unterstützen (Bild 4.9). Neben diesen Grunddarstellungen bietet das Datenmodell die Möglichkeit, anpaßbar an künftige, weiterführende Schnittstellenkonzepte, wie z. B. STEP / 58 /, zu sein.

Aus Bild 4.9 geht hervor, daß sich die geometrischen Elemente des Datenmodells auf Einzelflächen beschränken. Die mathematische Darstellung biparametrischer Freiformflächen in ihrer Standard-Polynominalform lautet pro Flächenelement (Patch) einer Einzelfläche:

$$\vec{R}(s,t) = \sum_{i=0}^{k1} \sum_{j=0}^{k2} \vec{r}_{i,j} \cdot s^i \cdot t^j \qquad (4.1)$$

Eine Ausdehnung auf die rationale Darstellung führt zu folgender Gleichung:

$$\vec{R}(s,t) = \frac{\displaystyle\sum_{i=0}^{k1} \sum_{j=0}^{k2} w_{i,j}\, \vec{r}_{i,j}\, s^i\, t^j}{\displaystyle\sum_{i=0}^{k1} \sum_{j=0}^{k2} w_{i,j}\, s^i\, t^j} \qquad (4.2)$$

mit

$k1, k2$: Polynomordnung in s- und t-Richtung

$\vec{r}_{i,j}$: Polynomkoeffizienten im Euklidischen 3D-Raum

s,t : Lokale Gaußsche Parameter

Die Erweiterung auf rationale Polynome beruht auf der Einführung von Gewichtungsfaktoren $w_{i,j}$, die sowohl auf den Zähler als auch in Verbindung mit den Potenzen nach s und t auf den Nenner der mathematischen Gleichung (4.2) wirken. Auf einen Beweis der Zusammenhänge zwischen Gleichung (4.2) und der Beschreibung analytischer Flächen wird nicht näher eingegangen, da er für die folgenden Ausführungen nicht relevant ist.

Damit umfassen aufgrund der gewählten mathematischen Form die abzuspeichernden numerischen Daten zur Geometrie eines Patches nachstehend aufgeführte Werte: $k1$, $k2$, $\vec{r}_{i,j}$ und im Bedarfsfall $w_{i,j}$ mit i=0...k1 und j=0...k2. Lösungen zu Sonderformen, wie z. B. Füllflächen, haben sich an dieser Speicherform zu orientieren. Eine Einzelfläche kann aus einer Vielzahl matrixhaft angeordneter, mathematisch gleich ausgerichteter Patches bestehen, die durch übergeordnete Parameter u und v verknüpft sind.

Wie aus Bild 4.5 hervorgeht ist die Topologie ebenfalls durch Elemente zu beschreiben. Das entwickelte Datenmodell einer fto. Werkstückbeschreibung erlaubt die Möglichkeit zur Abbildung von 1D- und 2D-Elementen (Bild 4.10) / 59 /. Beide wirken auf die mathematische Darstellung von Einzelflächen im u,v-Parameterraum. Polygonzüge und Kurvensegmente dienen der Abbildung logischer und mathematischer Grenzen (Bild 1.10). Ursache für die Wahl dieser Präsentation von Grenzen gegenüber CAD-orientierten Definitionen im Euklidischen 3D-Raum ist in ihrer fehlenden Einflußnahme auf die geometrische Ausprägung der Einzelfläche zu sehen.

Die gewählte mathematische Darstellung für Kurvensegmente lautet:

$$\vec{R}(t) \;=\; \sum_{i=0}^{k1} \vec{r}_i\, t^{\,i} \qquad\qquad (4.3)$$

mit $\qquad \vec{r}_i \qquad$: Polynomkoeffizienten im 2D-Parameterraum

Für die Ordnung 2 ($k1 = 2$) erreicht man auch eine Abbildung von Polygonzügen. Mehrere Kurvensegmente können durch die Wahl eines übergeordneten Parameters u zu einer Kurve vereinigt werden.

Neben diesen, die Definitionsgrenzen einer Einzelfläche betreffenden Informationen, erscheint eine flächenhafte Beschreibung des relevanten Geltungsbereichs einer Einzelfläche als Ergänzung sinnvoll. Der rechte Teil des Bildes 4.10 zeigt entsprechende 2D-Elemente auf. Sie entbinden von einer volumenorientierten Beschreibung des formgebenden Bereichs an Werkzeugen und steigern damit die Universalität gegenüber CAD-Informationen, da die meisten CAD-Systeme nicht in der Lage sind, eine volumenorientierte Beschreibung in Verbindung mit Freiformflächen zu erlauben.

Abzuspeichernde Daten topologischer Elemente stellen damit einmal die Koeffizienten $\vec{r}_i$ von Polygonzügen und Kurven sowie

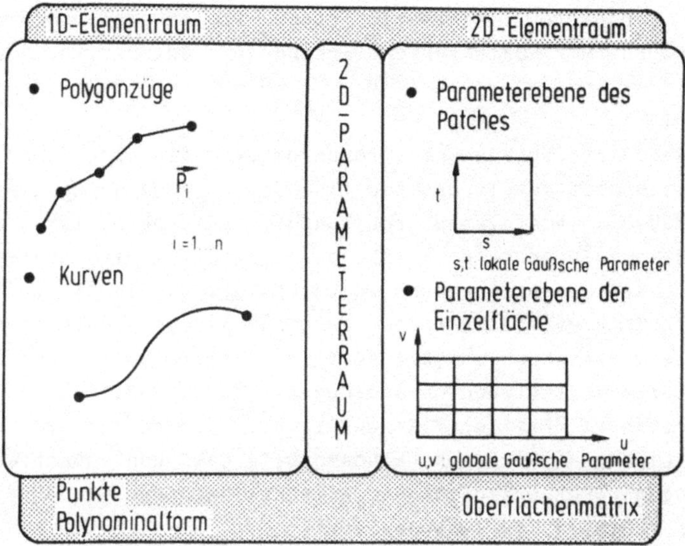

Bild 4.10: Topologische Elemente des Datenmodells

die Ordnung k1 auf der Objektebene der Grenzen dar. Auf die
Informationen des 2D-Elementraums für die Ebene "Face" (Bild
4.7) wird bei der Vorstellung der Operationen im Datenmodell
näher eingegangen, da ihre Wahl eng mit der funktionalen Lösung verbunden ist.

4.2.3   Modellbezogene Operationen

Legt man das Verständnis des Funktionsraums nach Bild 4.4 dem
folgenden zugrunde, lassen sich die nun aufzuzeigenden Lösungen in die Bereiche Verwaltung und Operationen untertei-
len. Grundfunktionen zur Verwaltung sind Einfügen, Löschen,
Ersetzen, Reorganisieren und Suchen von Elementen in Strukturen. Damit ist eine enge Verbindung des Lösungsansatzes mit
der gewählten Struktur gegeben und wird weniger vom problemorientierten Anwendungsfall bestimmt. Aus diesem Grund soll
an dieser Stelle auf eine detaillierte Beschreibung von Lö-

sungen zu Funktionen der Verwaltung verzichtet werden, da das Fachgebiet Informatik diese Problemstellungen in Verbindung mit Datenbankentwicklungen ausführlich behandelt / 53 /.

Anwendungsbezogene Operationen prägen die problemorientierte Leistungsfähigkeit des Modells. Die folgenden Kapitel zeigen gemäß Bild 4.4 die aus fertigungstechnischer Sicht als notwendig zu erachtenden Funktionen auf, um ein Phasenkonzept nach Kap. 2 entsprechend zu unterstützen. Die Klassifizierung nach Informationsübernahme aus CAD-System, Aufbereitung und Nutzung des Modells (Bild 4.4) wird im folgenden beibehalten. Auf die Vorstellung grundlegender Funktionalitäten in Verbindung mit Freiformflächen wie die Berechnung von Punkten, Ableitungen, Normalen, Fundamentalgrößen und Oberflächenkrümmungen wird verzichtet und auf entsprechende Veröffentlichungen / 8,35,39,49 / hingewiesen.

4.2.3.1   Informationsübernahme aus CAD-Systemen

Ausgangspunkt bildet die Informationsübernahme aus CAD-Systemen (Bild 4.11). Ihre Realisierung ist durch einen adaptiven Teil und die Schaffung von Querschnittsroutinen gekennzeichnet. Dabei sorgt der adaptive Anteil für die Unterstützung der jeweiligen Schnittstellenvariante. Diese leitet sich aus der benutzerorientierten Systemauslegung (Bild 3.1) und der Einbindungsmöglichkeit eigenständiger NC-Programmiersystemfunktionen in CAD-Umgebungen (Bild 3.2) ab. Sie reichen von der Übernahme der Variablen an einer funktionalen Schnittstelle über das Lesen fest formulierter Daten (sendesystemorientierte Schnittstelle) bis zur Interpretation komplexer Daten. Querschnittsfunktionen zur Informationsübernahme bauen in Verbindung mit der Verwaltung - wie in Bild 4.11 angedeutet - die operationale Datenbasis (Relationen) auf.

Mit dem Abschluß der Informationsübernahme aus CAD existiert in der Regel ein Abbild über die Gestalt der Sollgeometrie des formgebenden Bereichs eines Werkzeuges. Sie ist geprägt durch die konstruktive Sicht auf das Objekt. Die folgenden Seiten zeigen die im Rahmen dieser Arbeit entwickelten Lösungen für die fertigungstechnische Aufbereitung dieser Ausgangsinformationen zu einer Darstellung, die sich für die problemorientierte Nutzung eignet.

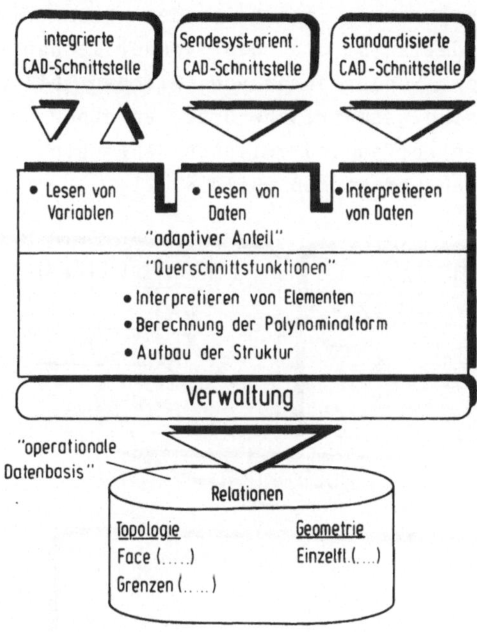

<u>Bild 4.11:</u> Funktionen zur Informationsübernahme aus CAD-Systemen in das Modell

Die angestrebten funktionalen Lösungen betreffen geometrische wie topologische Aufgaben. Innerhalb der Geometrie soll insbesondere auf die Generierung von Sondergeometrien wie Füllflächen eingegangen werden. Zu behandelnde topologische Aufgaben zur Modellaufbereitung erstrecken sich auf die Erfassung mathematischer und logischer Grenzen.

4.2.3.2 <u>Füllflächen und Eckverrundungen</u>

Während für die Erzeugung von Verrundungen in / 39 / schon
Lösungen aufgezeigt wurden, sind keine Möglichkeiten bekannt,
Füllflächen und Eckverrundungen benutzerfreundlich bei der
NC-Programmierung zu erzeugen. Nach Kap. 1.3.1 dient die Füll-
fläche der NC-Programmierunterstützung für das Schließen von
Taschen, Vertiefungen etc. Innerhalb der geometrischen Ele-
mente des Datenmodells ist sie den Sonderflächen zuzuordnen
(Bild 4.9). Weitere Sonderformen von Flächen bilden Eckver-
rundungen, dies sind geometrische Orte, an denen mehrere Ver-
rundungen zusammentreffen und zwischen denen ein tangentialer
Übergang geschaffen werden muß (Bild 4.12).

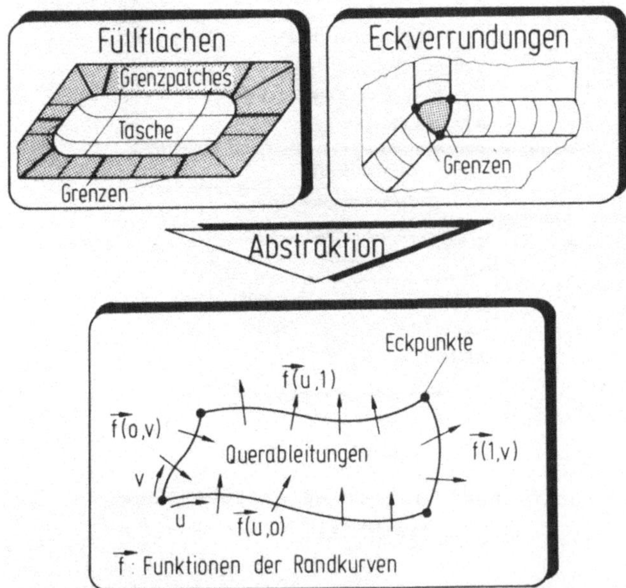

<u>Bild 4.12:</u> Geometrische Sonderformen von Einzelflächen

Eine Abstraktion beider Probleme führt zu einer gleichgela-
gerten Aufgabenstellung (Bild 4.12). Für die Füllfläche wie

für die Eckverrundung ergeben sich die Ränder der Oberflächenbeschreibung durch mathematische und logische Grenzen künftiger Nachbarflächen. Weiterhin gilt für beide Flächentypen, daß der tangentiale Flächenübergang an den Rändern die geometrische Form der Fläche entscheidend zu prägen hat, um die Forderung nach glatten Übergängen zu gewährleisten.

Basierend auf dem Ansatz nach Coons / 59 / ist eine Vorgehensweise entwickelt worden, die, ausgehend von der Problemstellung nach Bild 4.12, eine Oberfläche zwischen vorgebbaren Randkurven aufspannt. Sie erlaubt auch die Integration von Randbedingungen wie 1. Ableitungen in und quer zur Kurvenrichtung, um tangentiale Übergänge zu gewährleisten.

Den ersten Schritt bildet die Vorgabe der Randinformationen, zwischen denen eine Fläche aufzuspannen ist. Wie eingangs zu diesem Abschnitt erwähnt, sind dies Grenzen von künftigen Nachbarflächen. Diese, als Kurvensegmente zu bezeichnenden Informationen, sind in einem weiteren Schritt zu problemorientierten Rändern zusammenzufassen, da üblicherweise mehrere Einzelflächen in Folge auftreten (Bild 4.12). Gleichzeitig erfolgt die Übernahme der entsprechenden Grenzpatches von Nachbarflächen, da so der numerischen Abbildungsvorschrift geometrischer Elemente (vgl. Kap. 4.2.2) entsprochen wird und eine lückenlose Berechnung der Ableitungen möglich ist. Die Zahl der Ränder einer Sonderfläche darf zwischen 3...5 schwanken.

Da der Ansatz für vier Randkurven die Grundlage sowohl bei drei- als auch bei fünfseitigen Flächen darstellt, steht seine Vorstellung am Anfang.

Bild 4.13 vermittelt einen grafischen Eindruck über den Berechnungsvorgang unter Angabe der symbolischen Grundgleichung. Da diese für alle Übergangsarten an Rändern, d. h. mit und ohne Berücksichtigung der 1. Ableitungen gilt, findet eine Konkretisierung für den Fall des tangentialen Übergangs statt. Die Gleichung kann übersichtlich in Matrixschreibweise angegeben werden:

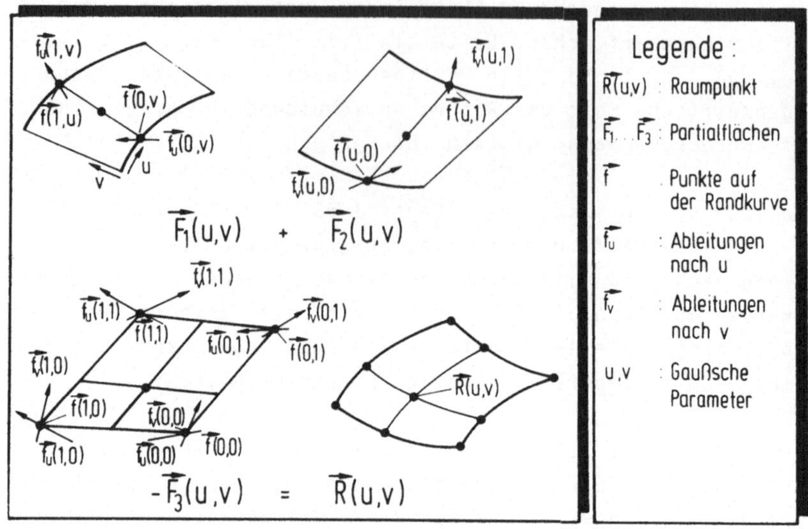

Bild 4.13: Verknüpfung von vier Randkurven zu einer Füllfläche

$$\vec{R}(u,v) = \begin{bmatrix} -1 & H_0(u) & H_3(u) & H_1(u) & H_2(u) \end{bmatrix} * \vec{M} *$$

$$\begin{bmatrix} -1 & H_0(v) & H_3(v) & H_1(v) & H_2(v) \end{bmatrix}^{-1} \qquad (4.4)$$

mit

$$\vec{M} = \begin{bmatrix} 0 & \vec{f}(u,0) & \vec{f}(u,1) & \vec{f}_v(u,0) & \vec{f}_v(u,1) \\ \vec{f}(0,v) & \vec{f}(0,0) & \vec{f}(0,1) & \vec{f}_v(0,0) & \vec{f}_v(0,1) \\ \vec{f}(1,v) & \vec{f}(1,0) & \vec{f}(1,1) & \vec{f}_v(1,0) & \vec{f}_v(1,1) \\ \vec{f}_u(0,v) & \vec{f}_u(0,0) & \vec{f}_u(0,1) & \vec{f}_{u,v}(0,0) & \vec{f}_{u,v}(0,1) \\ \vec{f}_u(1,v) & \vec{f}_u(1,0) & \vec{f}_u(1,1) & \vec{f}_{u,v}(1,0) & \vec{f}_{u,v}(1,1) \end{bmatrix}$$

und den Gewichtungsfunktionen:

$$H_0(u) = 1 - 3u^2 + 2u^3 \qquad\qquad H_2(u) = -u^2 + u^3$$
$$H_1(u) = u - 2u^2 + u^3 \qquad\qquad H_3(u) = 3u^2 - 2u^3$$

Diese Gleichungen gelten entsprechend für v.

Kennzeichen der mathematischen Darstellung ist einmal die

Einführung übergeordneter Parameter u und v, deren Wertebe-
reich zwischen 0...1 liegt. Die Matrix $\overrightarrow{M}$ leitet sich aus den
Randbedingungen der Begrenzungskurven ab und setzt sich aus
den lokalen Ableitungen der aktuellen u,v-Werte sowie der
Eckpunkte zusammen (Bild 4.13). Falls die gemischten Ablei-
tungen $\overrightarrow{f}_{u,v}$ nicht bekannt sind, können sie Null gesetzt werden /24 /.

Die Bestimmung einer Fläche mit drei Randkurven führt zu einer
Vorgehensweise nach Bild 4.14. Charakteristisch ist die drei-
malige Boole'sche Addition über jeweils zwei benachbarte Randkurven. Da die Subtraktion der Ausgleichsfläche, beschrieben
durch die drei Eckpositionen, nicht wie in Bild 4.13 für den
notwendigen Abgleich sorgt, muß die Boole'sche Summe durch den
skalaren Wert zwei geteilt werden.

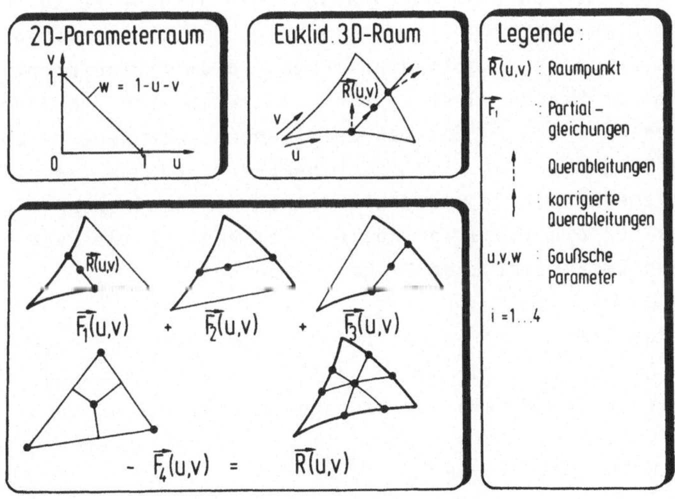

Bild 4.14: Verknüpfung von drei Randkurven zu einer Füllfläche

Durch die Schaffung einer funktionalen Abhängigkeit der drit-
ten Randkurve in u,v-Parameter und Elimination der Partial-
gleichung $\overrightarrow{F}_4$ kommt es zur folgender optimierter Gleichung unter Berücksichtigung von Querableitungen:

$$\vec{R}(u,v) = u^2 \cdot (3-2v+6vw) \cdot \vec{F_1}(u,v) + v^2 \cdot (3-2u+6uw) \cdot \vec{F_2}(u,v) +$$
$$w^2 \cdot (3-2w+6uv) \cdot \vec{F_3}(u,v) \qquad (4.5)$$

mit $w = 1 - u - v$;

$$\vec{F_1} = H_0(v/(1-u)) \cdot \vec{f}(u,0) + H_1(v/(1-u)) \cdot (1-u) \cdot \vec{f_v}(u,0) +$$
$$H_3(v/(1-u)) \cdot \vec{f}(u,1-u) + H_2(u/(1-u)) \cdot (1-u) \cdot \vec{f_v}(u,1-u)$$

$$\vec{F_2} = H_0(u/(1-v)) \cdot \vec{f}(u,0) + H_1(u/(1-v)) \cdot (1-v) \cdot \vec{f_u}(u,0) +$$
$$H_3(u/(1-v)) \cdot \vec{f}(1-v,v) + H_2(v/(1-v)) \cdot (1-v) \cdot \vec{f_v}(1-v,v)$$

$$\vec{F_3} = H_0(u/(u+v)) \cdot \vec{f}(0,u+v) + H_1(u/(u+v)) \cdot (u+v) \cdot [\vec{f_u}(0,u+v) -$$
$$\vec{f_u}(0,u+v)] + H_3(u/(u+v)) \cdot \vec{f}(u+v,0) + H_2(u/(u+v)) \cdot$$
$$(u+v) \cdot [\vec{f_u}(u+v,0) - \vec{f_v}(u+v,0)]$$

Die Querableitungen sind bei dreiseitigen Randkurven zu modi-
fizieren. Diese Maßnahme wird notwendig, da eine unveränderte
Übernahme zu nicht kontinuierlichen Parameterlaufrichtungen
innerhalb der Fläche führen. Bild 4.14 zeigt eine Veränderung
der Querableitungen in der Tangentialebene. Die neue Richtung
der Ableitungen ergibt sich aus Linearverbindungen vergleich-
barer Parameterwerte u,v und w benachbarter Randkurven. Damit
wird eine für die Iteration notwendige Kontinuität von u,v-
Parametern im Euklidischen 3D-Raum erreicht.

Fünfseitige Flächen erfahren in der 2D-Parameterebene eine
Darstellung als Pentagon (Bild 4.15). Die Berechnung eines
Punktes V(u,v) innerhalb des Pentagons erfolgt über die Einführung lokaler Parameter s_i und t_i (i=1...5) an den Rändern
des Pentagons. Die Gleichung lautet:

$$\vec{R}(V) = \sum_{i=1}^{5} \alpha_i(V) \, \vec{F_i}(V) \qquad (4.6)$$

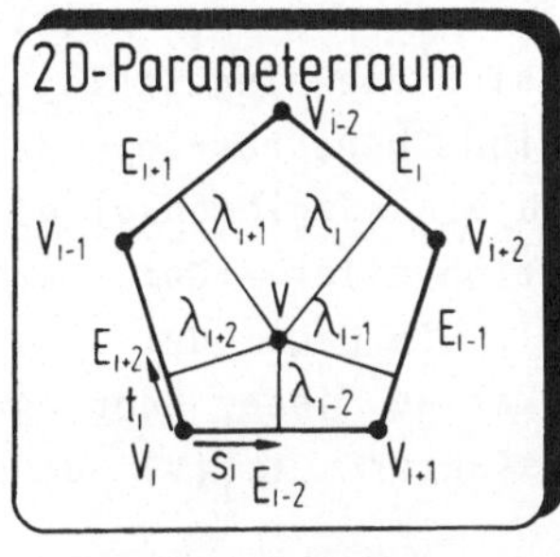

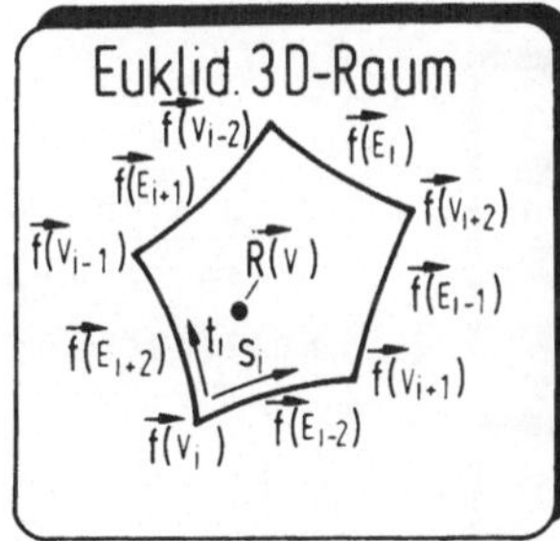

Bild 4.15: Verknüpfung von fünf Randkurven zu einer Fläche

$$\text{mit } \alpha_i(V) = (\lambda_{i-1} \cdot \lambda_i \cdot \lambda_{i+1})^2 \Big/ \sum_{i=1}^{5} (\lambda_{k-1} \cdot \lambda_k \cdot \lambda_{k+1})^2$$

$$F_i(V) = \begin{bmatrix} 1 & s_i \end{bmatrix} \cdot \begin{bmatrix} f(E_{i+2}) \\ f_{n_{i+2}}(E_{i+2}) \end{bmatrix} + \begin{bmatrix} f(E_{i-2}) & f_{n_{i+2}}(E_{i-2}) \end{bmatrix} \cdot \begin{bmatrix} 1 \\ t_i \end{bmatrix}$$

$$- \begin{bmatrix} 1 & s_i \end{bmatrix} \cdot \begin{bmatrix} f(V_i) & f_{n_{i-2}}(V_i) \\ f_{n_{i+2}}(V_i) & f_{n_{i+2},n_{i-2}}(V_i) \end{bmatrix} \cdot \begin{bmatrix} 1 \\ t_i \end{bmatrix}$$

$$s_i = \lambda_{i+2} / (\lambda_{i-1} + \lambda_{i+2}) \quad ; \quad t_i = \lambda_{i-2} / (\lambda_{i+1} + \lambda_{i-2})$$

Die Funktionen $\vec{f}(E_i)$ und $\vec{f}_n(E_i)$ beinhalten Positionen sowie die Querableitungen der Randkurven an den lokalen Parameterwerten s_i bzw. t_i, die, wie bei drei- und vierseitigen Flä-

chen, mit Gewichtungsfunktionen für s_i und t_i multipliziert
werden können. Mathematisch läßt sich die eingeschlagene Vorgehensweise als Boole' sche Addition benachbarter Randkurven
erklären, die eine Korrektur durch ein Ausgleichsglied an der
Ecke V_i erfährt. Die skalare Addition aller fünf Partialflä-
chenwerte führt zum Raumpunkt $\overrightarrow{R(V)}$. Die Lage der Position V
im Pentagon wird durch Multiplikation jeder der partialen
Flächenwerte mit einem Gewichtungsfaktor $\alpha_i(V)$ berücksichtigt.

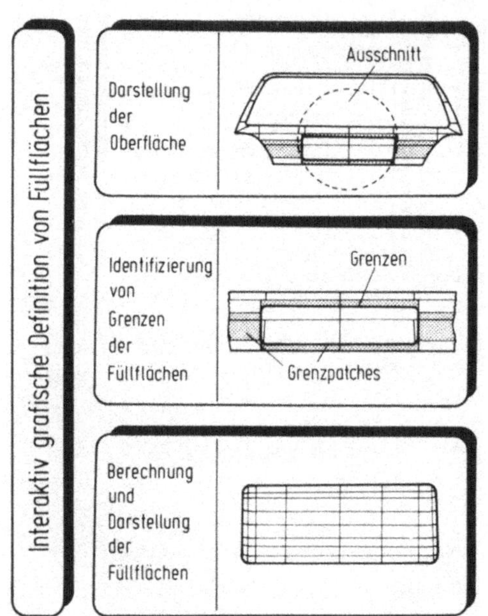

Bild 4.16: Beispiel-
hafte Erzeugung einer
Füllfläche

Mit den hier vorgestellten mathematischen Ansätzen zur Erzeugung von Sonderflächen wird dem NC-Programmierer eine Möglichkeit an die Hand gegeben, das mit einem Minimum an Vorgabein-
formationen - sie beschränken sich auf die Angabe der Randkurven - effizient Füllflächen oder Eckverrundungen mit tan-
gentialem Übergang zu beschreiben. Die Handhabung ist beispielhaft in Bild 4.16 festgehalten. Der NC-Programmierer

identifiziert am Bildschirm die Randinformationen und ordnet
diese den Randkurven der Füllfläche zu. Weiterhin bestimmt er
das Übergangsverhalten (z. B. tangential) an den Flächenrändern. Diese Informationen reichen für eine Berechnung der
Füllfläche aus. Sie setzen damit keine tieferen Kenntnisse des
NC-Programmierers in der Gestaltung von Freiformflächen voraus und führen nicht zu Hemmschwellen in der Anwendung.

4.2.3.3 Mathematische Grenzen in Flächenverbänden

Zwei Einzelflächen weisen nach Bild 1.10 eine gemeinsame mathematische Grenze auf, wenn sie mindestens ein gemeinsames
Paar von Flächenrändern besitzen. Die Länge des gemeinsamen
Verlaufs ist beliebig. Aufgrund umfangreicher Untersuchungen
an realen Beispielen von CAD-Beschreibungen ergibt sich die in
Bild 4.17 festgehaltene Klassifizierung mathematischer Grenzen. Ihnen ist auch der mathematische Rand, d. h. eine Grenze
ohne direkten Nachbarn, zugeordnet (Typ a).

Die einfachste Möglichkeit von Grenzen - identische Randkurven
(Typ b) - ist bei praxisnahen Beschreibungen nur selten anzutreffen. Üblich hingegen sind der teilweise gemeinsame Verlauf
(Typ c) oder eine größere Anzahl benachbarter Einzelflächen an
einer Randkurve (Typ d). Beide Fälle treten vielfach eng verbunden mit dem Umstand auf, daß die Ränder keinen identischen
Verlauf aufweisen. Es treten Beschreibungslücken auf (Typ e),
in denen keine Flächeninformation existiert, oder noch häufi-
ger eine Kombination von Lücken und Überlappungen (Typ f).
Vervollständigt wird die in Bild 4.16 vorgenommene Klassifizierung durch den Fall, daß zwei Randkurven einer Einzelfläche
an einer Randkurve der Nachbarfläche liegen (Typ g).

Mit der Definition von mathematischen Grenzen sind folgende
Randbedingungen zu verknüpfen:

- Einzelflächen besitzen bis auf Sonderformen (vgl. Bild 4.9)
  vier Randkurven (Bild 4.17).

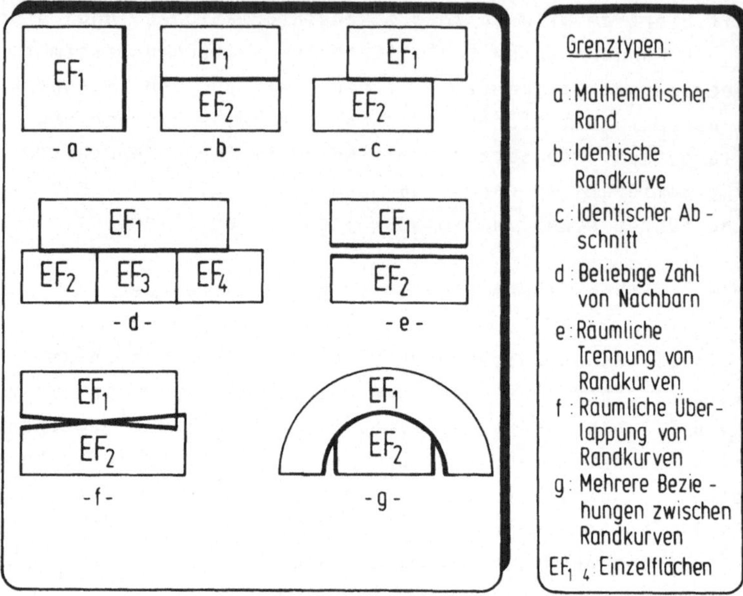

Bild 4.17: Klassifizierung mathematischer Grenzen

- Der Wertebereich von Randkurven reicht von u_{min}/v_{min} bis u_{max}/v_{max}.

- Patches benachbarter Einzelflächen besitzen keine gleichen Längen.

- Randkurven müssen vollständig verknüpft sein, d. h. es darf keine Lücken in der topologischen Beschreibung der Randkurven geben.

Diese Randbedingungen in Verbindung mit der Klassifizierung mathematischer Grenzen nach Bild 4.17 führen zu einer Grenzdefinition, bei der kein Versuch unternommen wird, einen mathematisch exakten Zusammenhang zwischen gemeinsamen Randkurven benachbarter Flächen zu erreichen. Dies verbietet sich aufgrund der Heterogenität nach Bild 4.17. Sie erlaubt keinen geschlossenen Zusammenhang zweier Ränder, der den Forderungen

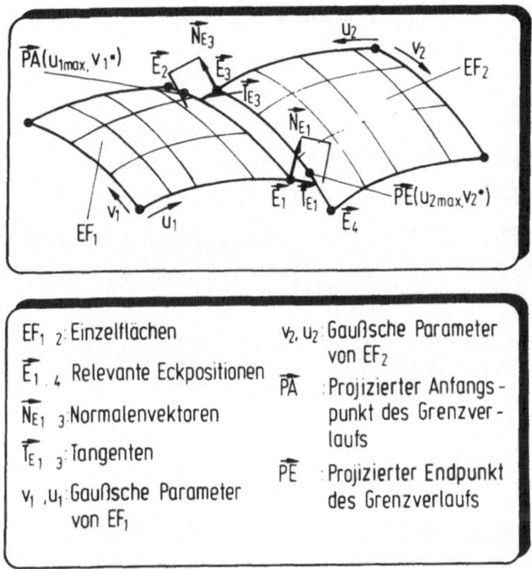

$EF_{1,2}$: Einzelflächen

$\vec{E}_{1,4}$: Relevante Eckpositionen

$\vec{N}_{E_{1,3}}$: Normalenvektoren

$\vec{T}_{E_{1,3}}$: Tangenten

v_1,u_1: Gaußsche Parameter von EF_1

v_2,u_2: Gaußsche Parameter von EF_2

$\overline{PA}$: Projizierter Anfangspunkt des Grenzverlaufs

$\overline{PE}$: Projizierter Endpunkt des Grenzverlaufs

<u>Bild 4.18</u>: Berechnungsvorgang mathematischer Grenzen

nach Berechnung eines in den Fertigungstoleranzen liegenden Flächenübergangs entspricht.

Die Berechnung gemeinsamer mathematischer Grenzen beschränkt sich deshalb auf die Ermittlung der Anfangs- und Endpositionen des vereinten Verlaufs von Randkurven. Da die Darstellung einer Grenze im Bereich der Topologie erfolgt, beinhaltet sie diese Positionen für beide beteiligten Einzelflächen. Die Berechnung der Wertepaare geschieht über den Euklidischen 3D-Raum.

Der Berechnungsvorgang (Bild 4.18) sieht vor, daß die jeweiligen Extremwerte eines gemeinsamen Verlaufs im Euklidischen 3D-Raum auf den Nachbarn projiziert wird. Dies kann, wie in Bild 4.18 festgehalten, an einem versetzten Flächenpaar (Typ c nach Bild 4.17) anschaulich erläutert werden. Durch die Vorgabe der zu verknüpfenden Randkurven - auf ihre Erkennung wird später eingegangen - sind die vier Eckpunkte der Flächen bekannt, von denen zwei, im vorliegenden Fall nach Bild 4.18 $\vec{E}_1$

und $\vec{E}_3$, zur Ermittlung von Anfangs- und Endposition eines gemeinsamen Verlaufs führen.

Legt man die Polynominalform nach den Gleichungen (4.1) und
(4.2) zugrunde, ist eine Projektion von Punkten auf die ge-
genüberliegende Fläche nur über einen iterativen Ansatz zur
Parameteroptimierung lösbar. Die Ausgangsgleichung der Iteration lautet beispielhaft für den Endpunkt E_1 nach Bild 4.18:

$$f(v_2) = PE_x(u_{2max}, v_2) \cdot EN_x + PE_y(u_{2max}, v_2) \cdot EN_y$$
$$+ PE_z(u_{2max}, v_2) \, EN_z + D \qquad (4.7)$$

$$\text{mit} \quad \vec{EN} = \vec{T}_{E1} \times \vec{N}_{E1} ;$$
$$D = - (E1_x \cdot EN_x + E1_y \cdot EN_y + E1_z \cdot EN_z)$$

Der gewählte Ansatz ermöglicht die Projektion eines Punktes
auf die Nachbarfläche durch das Aufspannen einer Ebene an
den relevanten Eckpunkten. Die Lage der Ebene ergibt sich
aus der Flächennormalen $\vec{N}$ und einer der Ableitungen $\vec{T}$ nach u
oder v. Damit kann die implizite Darstellung der Ebenenglei-
chung (4.7) zur Parameteroptimierung herangezogen werden. Der
iterativ zu verbessernde Wert stellt jeweils einen der beiden
Gauß´ schen Parameter u oder v dar.

Eine Lösung des iterativen Ansatzes durch das in / 60 / beschriebene Newton´ sche Näherungsverfahren führt jedoch oftmals nicht zum Ziel, da sein Konvergenzbereich für die aufgezeigten Probleme vielfach zu klein ist. An seine Stelle
tritt eine neue, für diesen Anwendungsfall erarbeitete Vorgehensweise, die im folgenden als Suchschrittverfahren bezeichnet werden soll.

Die Iterationsgleichung des Suchschrittverfahrens, definiert
für die Gleichung (4.7) in Anlehnung an Bild 4.18, lautet:

$$v_{2_{n+1}} = v_{2_n} + Q \, f(v_{2_n}) \qquad (4.8)$$

Sie gilt entsprechend für u. Der Faktor Q wird als Stabilitätsoperator bezeichnet, der sich für den vorliegenden Anwendungsfall gilt:

$$Q = 2^{(BF/3-DF-1/3)} \qquad\qquad (4.9)$$

Der Grundgedanke des Verfahrens ist in Bild 4.19 festgehalten. Ausgehend von einem Rohwert, z. B. u, werden Funktionswerte f(u) stetig in positive oder negative Richtung berechnet. Bei jedem Schritt, der zu keinem Nulldurchgang führt, erhöht sich der Beschleunigungsfaktor BF um den Wert 1, und es ergibt sich eine größere Schrittweite. Wechselt das Vorzeichen, d. h. ist ein Nulldurchgang gefunden worden, ändert sich auch die Berechnungsrichtung von u und der Dämpfungsfaktor DF erfährt eine Erhöhung. Dieses geschieht so lange, bis das geforderte Abbruchkriterium erfüllt ist.

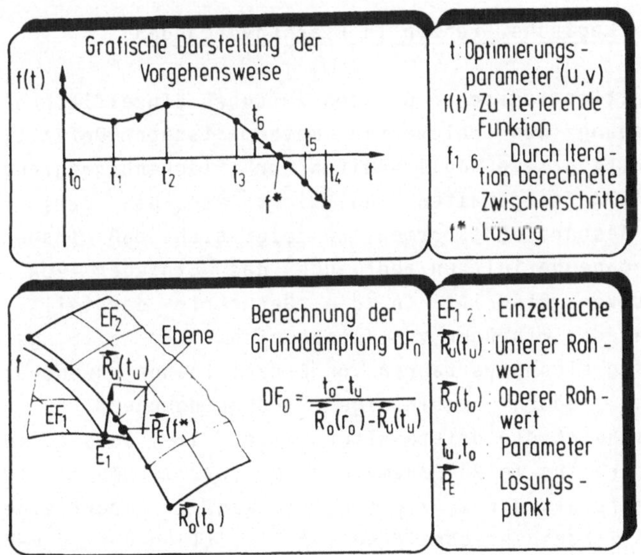

Bild 4.19: Anwendung des Suchschrittverfahrens auf die Grenzpunktbestimmung

Das Verfahren läßt sich für den vorliegenden Anwendungsfall beschleunigen, indem der gewünschte Nulldurchgang durch Ermittlung eines Unter- und Oberwertes eingegrenzt wird (Bild 4.19). Die Grund- oder Ausgangsdämpfung DF_0 errechnet sich aus der Differenz zwischen o. g. Ober- und Unterwerten im Euklidischen 3D- und im 2D-Parameterraum. Das Abbruchkriterium ist eine vom NC-Programmierer vorgebbare Toleranz in mm. Sie legt den maximalen Abstand der projizierten Raumpunkte von der Ebene nach Bild 4.18 fest. Die schlechtere Konvergenzgeschwindigkeit gegenüber dem Verfahren nach Newton wird durch eine sehr hohe Stabilität des Suchschrittverfahrens ausgeglichen.

Die 2D-Parameterwerte von Anfangs- und Endpunkt beider Einzelflächen finden gemeinsam eine Abspeicherung als Grenze (vgl. Bild 4.5). Nur so kann eine Eindeutigkeit für die Übergangsberechnung bei Flächenverbänden in der Modellnutzung gewährleistet werden.

4.2.3.4   Logische Grenzen in Flächenverbänden

Die Definition logischer Grenzen zwischen Einzelflächen führt zur Einengung des relevanten mathematischen Definitionsbereichs. Alternative Möglichkeiten zur Flächenbegrenzung sind in Bild 4.20 festgehalten. Analysiert man die darin vorgestellten Beschreibungsformen, so zeigt sich, daß insbesondere die Flächenneudefinition aber auch das Einfügen von Knoten einen aktiven Eingriff in die Geometrie darstellt. Hinzu kommt, daß das Einfügen von Knoten nicht für alle geometrischen Beschreibungsverfahren von Einzelflächen anwendbar ist. Dies sind jedoch unzulässige Randbedingungen. Aus diesem Grund erscheint die dritte Alternative, die Darstellung des Geltungsbereichs im 2D-Parameterraum trotz erhöhten Informationsbedarfs als der einzig mögliche Weg. Er bedarf einer effizienten Flächenverschneidung zur Ermittlung der u,v-Parameter beider Einzelflächen, deren Auslegung den fertigungstechnisch orientierten Anforderungen des Werkstückmodells gehorchen muß.

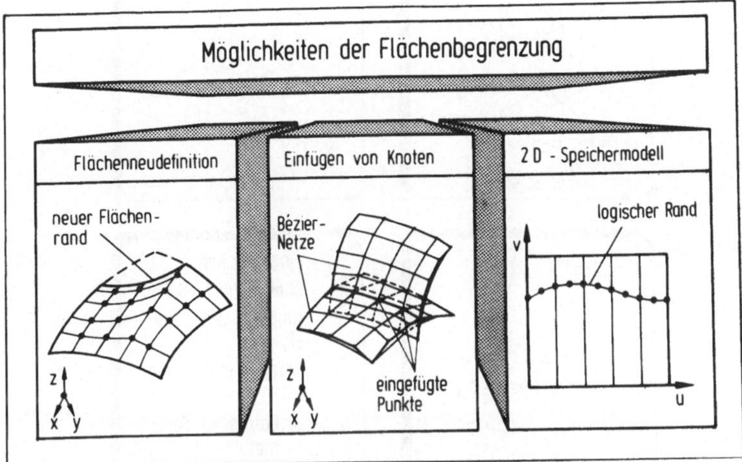

Bild 4.20: Alternativen zur Beschreibung reduzierter Definitionsbereiche an Freiformflächen

Eine Klassifizierung von Verschneidungen, die innerhalb der geometrischen Aufbereitung auftreten, erlaubt die in Bild 4.21 dargestellte Einteilung. Dabei handelt es sich bei Schmiege- und Stoßflächen nicht um reale Durchdringungen von Einzelflächen sondern lediglich um Berührungen, die jedoch im Sinne einer fto. Werkstückbeschreibung Berücksichtigung finden müssen. Dies hat Auswirkungen auf den Lösungsansatz einer Verschneidungsoperation. Diese bleiben jedoch in den aus dem Schrifttum bekannten Verfahren unberücksichtigt / 61,62 /.

Auch hier muß dem Umstand Rechnung getragen werden, daß Freiformflächen ausschließlich Polynome höherer Ordnung darstellen. Dies führt zu einem mathematischen Lösungansatz, der sich zur Iteration eignet:

$$0 = \vec{f}(u_1,v_1,u_2,v_2,a,b) = \vec{R}_1(u_1,v_1) - \vec{R}_2(u_2,v_2)$$

$$+ a \cdot \vec{T}_2 + b \cdot \vec{N}_2 \qquad (4.10)$$

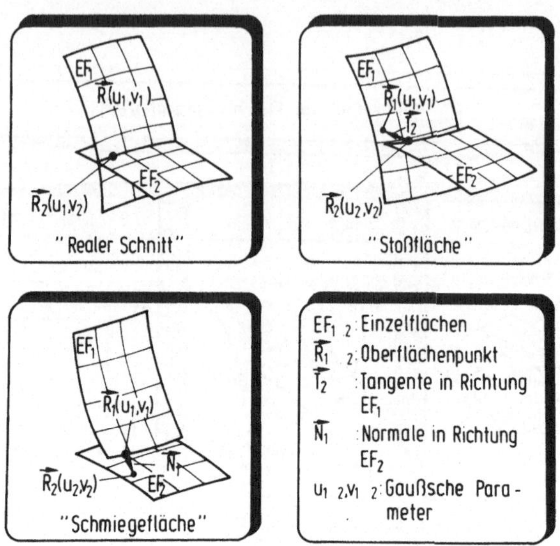

Bild 4.21: Klassifizierung von Flächenverschneidungen

Dieser Ansatz ist mit drei Gleichungen und sechs Unbekannten überbestimmt. Eine Reduzierung der zu optimierenden Parameter ergibt sich anhand der Klassifizierung der Verschneidungsmöglichkeiten nach Bild 4.21. Ein "realer Schnitt" (Bild 4.21, links) besitzt keine Anteile in Tangenten- ($\vec{T}$) und Normalenrichtung ($\vec{N}$). Bei der Projektion verringert sich die mathematische Darstellung der Projektionsfläche auf eine der Randkurven und der Tangenten- oder alternativ der Normalenrichtung je nach Abbildungsvorschrift. Die Spezifizierung des Gleichungssystems (4.10) anhand der Klassifizierung lautet:

"Realer Schnitt"
$$0 = \vec{f}(u_1,v_1,u_2,v_2) = \vec{R}_1(u_1,v_1) - \vec{R}_2(u_2,v_2) \qquad (4.11a)$$
"Stoßfläche"
$$0 = \vec{f}(u_1,v_1,t,a) = \vec{R}_1(u_1,v_1) - \vec{R}_2(t) - a\cdot\vec{T}_2 \qquad (4.11b)$$
"Schmiegefläche"
$$0 = \vec{f}(u_1,v_1,t,b) = \vec{R}_1(u_1,v_1) - \vec{R}_2(t) - a\cdot\vec{N}_2 \qquad (4.11c)$$

mit $t = u_2$ oder v_2

Aufgrund der weiterhin vorherrschenden Überbestimmtheit der Gleichungssysteme ist ein Parameterwert festzuhalten. Bei "realen Schnitten" ist dies vorzugsweise der u- oder v-Parameter, dessen konstante Kurven die Schnittkurve kreuzen. Stoß- und Schmiegeflächen erlauben ein Vorgabe des Kurvenparameters t. Die Lösung der Optimierung erreicht man unter Anwendung des Näherungsverfahren nach Newton für mehrere Variablen:

"Realer Schnitt" (z.B. für v2=konst.)

$$\vec{f}(u_1,v_1,u_2) + \frac{\partial \vec{f}}{\partial u_1}(u_{1_{i+1}}-u_{1_i}) + \frac{\partial \vec{f}}{\partial v_1}(v_{1_{i+1}}-v_{1_i})$$

$$+ \frac{\partial \vec{f}}{\partial u_2}(u_{2_{i+1}}-u_{2_i}) = 0 \tag{4.12a}$$

"Stoßfläche"

$$\vec{f}(u_1,v_1,a) + \frac{\partial \vec{f}}{\partial u_1}(u_{1_{i+1}}-u_{1_i}) + \frac{\partial \vec{f}}{\partial v_1}(v_{1_{i+1}}-v_{1_i})$$

$$+ \frac{\partial \vec{f}}{\partial a}(a_{i+1}-a_i) = 0 \tag{4.12b}$$

"Schmiegefläche"

$$\vec{f}(u_1,v_1,b) + \frac{\partial \vec{f}}{\partial u_1}(u_{1_{i+1}}-u_{1_i}) + \frac{\partial \vec{f}}{\partial v_1}(v_{1_{i+1}}-v_{1_i})$$

$$+ \frac{\partial \vec{f}}{\partial b}(b_{i+1}-b_i) = 0 \tag{4.12c}$$

Akzeptables Konvergenzverhalten bei ausreichender -geschwindigkeit führen bei guten Startwerten für die Iteration zu einer schnellen Berechnung diskreter Schnittpunkte. Das Abbruchkriterium bildet die räumliche Differenz zusammengehöriger Positionen auf beiden Einzelflächen, die eine vom NC-Programmierer vorgebbare Toleranz unterschreiten muß.

Neben der Schnittermittlung an diskreten Positionen ergeben
sich zwei weitere Aufgabenstellungen in Verbindung mit Flächenverschneidungen. Die erste stellt die Anfangswertermitt-
lung eines Schnitts in Verbindung mit "Stoß-" und "Schmiegeflächen" dar. Weisen die beteiligten Partner eine nur, wie in
Bild 4.22 links angedeutet, teilweise Überlappung auf, kann
der Parameter t der Gleichungen (4.11b) und (4.11c) nicht
konstant gehalten werden. Eine Überbestimmtheit ist die Folge. Unter Ausnutzung der Affinität von parametrisierten Freiformflächen kann jedoch das Problem gelöst werden. Projiziert
man beide Flächen in eine signifikante Ebene, z.B. einer Nor-

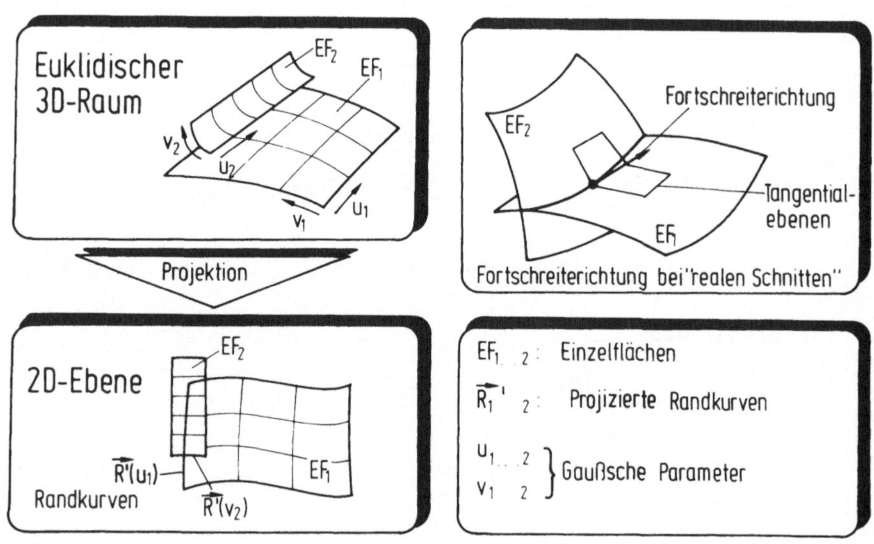

Bild 4.22: Problemstellungen in Verbindung mit Flächenverschneidungen

malen in der Nähe des Kreuzungspunkts beider Randkurven (Bild
4.22,links), reduzieren sich beide Gleichungssysteme auf zwei
Gleichungen mit zwei Unbekannten. Das affine Verhalten der Einzelflächen erlaubt ein Übernahme der in der Ebene optimierten
Parameter in den 3D-Raum.

Eine weitere Schwierigkeit weist die Schrittweitenberechnung bei "realen Schnitten" auf. Sie begründet sich in der Bestimmung einer Fortschreiterichtung ausgehend von einem gemeinsamen diskreten Schnittpunkt. Sie ist Grundlage für die Berechnung der Oberflächenkrümmung und damit der Schrittweitenberechnung innerhalb vorgebbarer Linearisierungstoleranzen. Bild 4.22, rechts zeigt ihre Ermittlung durch den Schnitt der Tangentialebenen beider Einzelflächen am letzten gemeinsamen Schnittpunkt. Dieses Verfahren kann als hinreichend genau angesehen werden und gewährleistet eine direkte Berechnung in Fortschreiterichtung des Schnitts oder der Projektion.

Die vorgestellte Vorgehensweise zur Ermittlung logischer Grenzen durch Flächenverschneidungen reicht aus, die anhand praxisgerechter Beispiele erarbeiteter Anforderungen zu erfüllen. Ihre Einbindung in eine übergeordnete Anwendungsfunktion für die Definition von Flächenverbänden soll später behandelt werden.

4.2.3.5 Geltungsbereich von Einzelflächen mit logischen Grenzen

Neben der Ermittlung der logischen Grenzen im 2D-Parameterraum erfordert die Überprüfung berechneter Geometrieinformationen während z. B. der Berechnung der Fräserführungsbahnen (Bild 2.8) eine Darstellung des Geltungsbereichs einer Einzelfläche. Eine formelmäßige Auslegung über ein Ringintegral oder aber durch die in / 63 / beschriebenen Ansätze wäre wünsc nswert, um eine schnelle Ortsbestimmung geometrischer Informationen zu gewährleisten. Aufgrund der jedoch sehr schwierigen formelmäßigen Erfassung des Geltungsbereichs wird hier eine andere Vorgehensweise aufgezeigt. Sie verbindet Effizienz mit ausreichender Prüfsicherheit.

Die Vorgehensweise dieses Verfahrens ist in Bild 4.23 zusammengefaßt. Die Grundlagen bilden die bereits bekannten Konturen im 2D-Parameterraum. Da diese linienhafte Darstellung

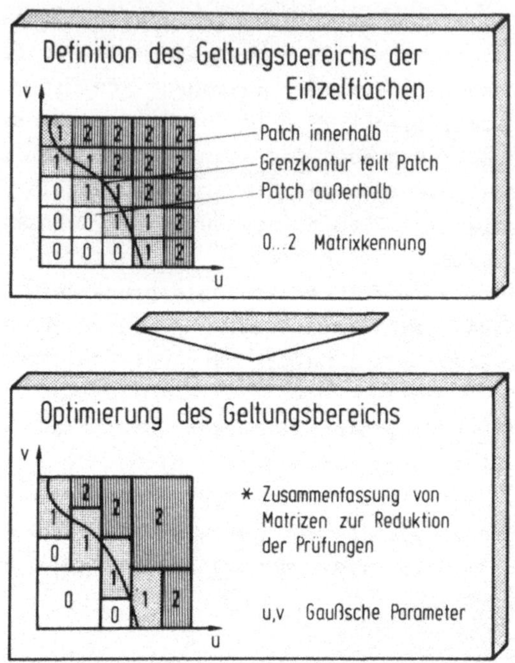

Bild 4.23 : Vorgehensweise zur Bestimmung des Definitionsbereichs

für eine schnelle Prüfung nicht ausreicht, ist sie durch eine flächenbehaftete Information ähnlich den in der grafischen Darstellung verwandten Quadtrees / 64 / zu ergänzen. Mittels einer gerasterten, matrixhaften Unterteilung des Parameterraums in Quadrate oder Rechtecke, in Bild 4.23 Patch genannt, läßt sich der Definitionsraum einer Einzelfläche anhand von Matrizenkennungen grob nachbilden. Diese Darstellung knüpft an die Beschreibung topologischer Elemente der Objektebenen nach Bild 4.10 an. Eine Überführung in ein gröberes Raster (Bild 4.23) durch Zusammenfassen gleicher Kennungen schließt sich an. Wechselt z. B. während der Führungsbahnberechnung eine der Stützstellen in ein Quadrat oder Rechteck anderer Kennung, löst dies eine Überprüfung des zurückgelegten Wegs auf die Grenzkonturen aus, die in Kap. 4.2.3.8 vorgestellt wird.

4.2.3.6 Iteration auf der Einzelfläche

Mit der Iteration auf der Einzelfläche werden die Funktionen
zur Nutzung des Modells analysiert(Bild 4.4). Die Notwendigkeit einer leistungsfähigen Iteration stellt sich durch die
Problematik, daß die Berechnung geometrischer Informationen entlang von Parameterlinien unzureichend ist. Vielfach
müssen zu geometrischen Positionen im Euklidischen 3D-Raum
vergleichbare Flächenpunkte gesucht werden. Bild 4.24 zeigt
einige Anwendungsfälle. Eine Abstraktion des Problems führt
aus mathematischer Sicht zum Schnitt einer Geraden mit einer
Einzelfläche. Dieser Ansatz weist genügend Universalität für
die unterschiedlichen Aufgaben nach Bild 4.24 auf und lautet:

$$0 = \vec{f}(u,v) = \vec{R}(u,v) - \vec{P} - a.\vec{V} \qquad (4.13)$$

Eine Lösung der Gleichung (4.13) erfordert wiederum eine iterativen Ansatz, an den folgende Anforderungen zu stellen sind:

-Genauigkeit
 Berechnete Flächeninformationen sind den vorgegebenen Fertigungstoleranzen zu unterwerfen.

-Konvergenzgeschwindigkeit
 Da für die Führungsbahnermittlung, den Unterschnittausgleich
 etc. sehr viele Positionen berechnet werden müssen, ist die
 Zeit pro Iteration zu minimieren.

-Robustheit
 Verzerrte u,v-Parameterverläufe von Einzelflächen erschweren
 die Iteration. Das Verfahren muß so robust sein, damit dennoch Lösungen gefunden werden.

Diese Forderungen sind teilweise gegensätzlich und können daher nicht durch ein Verfahren zur Iteration abgedeckt werden.

Die Konsequenz ist eine Vorgehensweise, die bei Divergenz des

Ansatzes nach Newton (vgl. Kap. 4.2.3.4) eine weitere Möglichkeit zur Parameteroptimierung vorsieht. Sie zeichnet sich
durch große Stabilität und Robustheit aus.

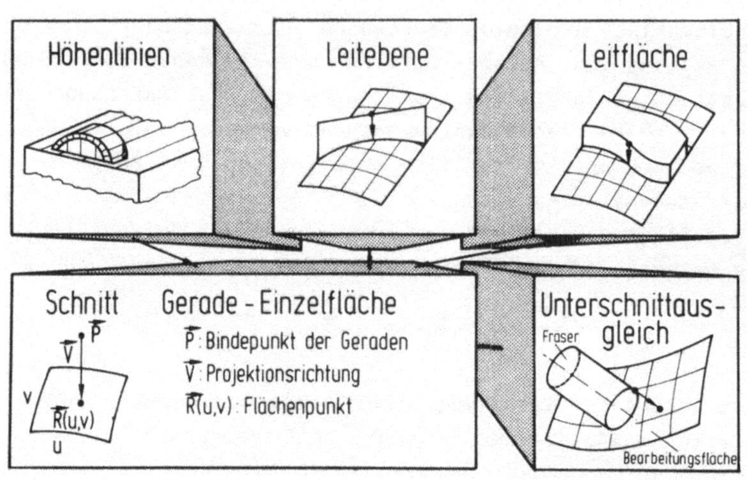

<u>Bild 4.24:</u> Universeller Gleichungsansatz zur Iteration auf der
Einzelfläche

Der gewählte Ansatz ähnelt dem Suchschrittverfahren nach Kap.
4.2.3.3. Da er nicht der Gattung der Gradientenverfahren zuzuordnen ist, d. h. eine Parameteroptimierung keine Richtungs-
ableitung notwendig macht, müssen Restriktionen vorgenommen
werden, die den Lösungsraum der gesuchten Variablen einschränken. Dies führt einmal zu einer Modifikation der allge-
meinen Gleichung (4.13):

$$\vec{f}_p(u,v) = R_x(u,v)\,TR_x + R_y(u,v)\,TR_y + R_z(u,v)\,TR_z + D_p$$

$$(4.14)$$

$$\vec{f}_q(u,v) = R_x(u,v)\,NR_x + R_y(u,v)\,NR_y + R_z(u,v)\,NR_z + D_q$$

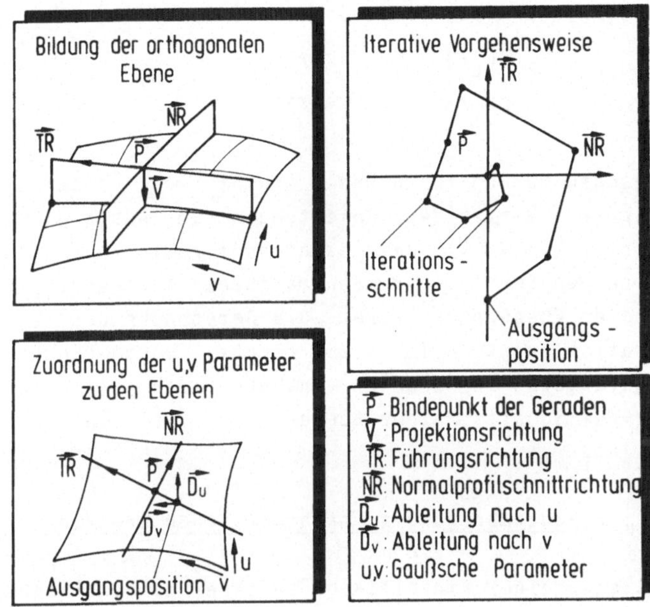

Bild 4.25: Vorgehensweise zur Iteration auf der Einzelfläche

mit p = u oder v ; q = v oder u

$$D_p = -(P_x \cdot TR_x + P_y \cdot TR_y + P_z \cdot TR_z)$$
$$D_q = -(P_x \cdot NR_x + P_y \cdot NR_y + P_z \cdot NR_z)$$

Die grafische Interpretation dieser Lösung ist in Bild 4.25 festgehalten. Sie zeichnet sich durch die Reduzierung des Problems auf zwei Gleichungen mit zwei Unbekannten u und v aus. Ermöglicht wird dies durch die Bildung zweier, orthogonal aufeinanderstehender Ebenen, deren gemeinsamer Schnitt mit dem Projektionspunkt $\vec{P}$ und der -richtung $\vec{V}$ identisch ist. Der Iteration liegt entsprechend Kap. 4.2.3.3 folgendes Gleichungspaar zugrunde:

$$u_{i+1} = u_i + Q_u \cdot f_u(u_i, v_i)$$

$$v_{i+1} = v_i + Q_v \cdot f_v(u_i, v_i)$$

$$(4.15)$$

Auch hier gelten die Faktoren Q_u und Q_v als Stabilitätsoperatoren entsprechend der Gleichung (4.9):

$$Q_u = 2^{(BF_u/3 - DF_u - 1/3)} \qquad (4.16a)$$

$$Q_v = 2^{(BF_v/3 - DF_v - 1/3)} \qquad (4.16b)$$

Die Ausgangsdämpfung für u und v ergibt sich aus den jeweiligen reziproken Werten der Ableitungen am Ausgangspunkt der Iteration. (Bild 4.25). Der Lösungsraum realer Durchstoßpunkte wird durch den Schnitt der mathematischen Randkurven mit dem orthogonalen Ebenenpaar erfaßt. Die Berechnung des Zielpunkts der Iteration zeigt Bild 4.25 rechts. Durch Erhöhung der Dämpfungsfaktoren DF_u und DF_v nähern sich die Iterationsschritte dem Schnitt beider Ebenen bis das Abbruchkriterium erfüllt ist.

4.2.3.7 Flächenübergang an mathematischen Grenzen

Das Verlassen einer Einzelfläche an einer mathematischen Grenze kann auf unterschiedliche Art erkannt werden. Den einfachsten Fall bildet die Berechnung entlang von Parameterlinien, da hier eine direkte Prüfung der inkrementalen Schrittweite in u- oder v-Richtung mit dem Lösungsraum der Gauß´schen Parameter verglichen werden kann. Während der freien Bewegung auf der Einzelfläche wird ein Überschreiten der Flächengrenzen anhand des Lösungsverhaltens des iterativen Verfahrens erkannt. Eine Bestimmung des Flächenübergangs sieht als ersten Schritt das Ermitteln des relevanten Austrittspunkts vor. Ein Vergleich seiner u,v-Koordinaten mit dem Geltungsbereich der Grenzen ergibt den neuen Nachbarn. Eine Projektion des Austrittspunkts auf die benachbarte Einzelfläche (vgl. Kap. 4.2.3.3) dient der Ermittlung des Eintrittspunkts (Bild 4.26). Die Projektionsebene leitet sich aus der Berechnungsrichtung (z.B. von Leitflächen) und der Flächennormale am Austrittspunkt ab. Der Vorteil des gewählten Ansatzes liegt in dem Ausnutzen gleicher Funktionalitäten für die Erzeugung mathematischer Grenzen und dem Berechnen des Flächenübergangs.

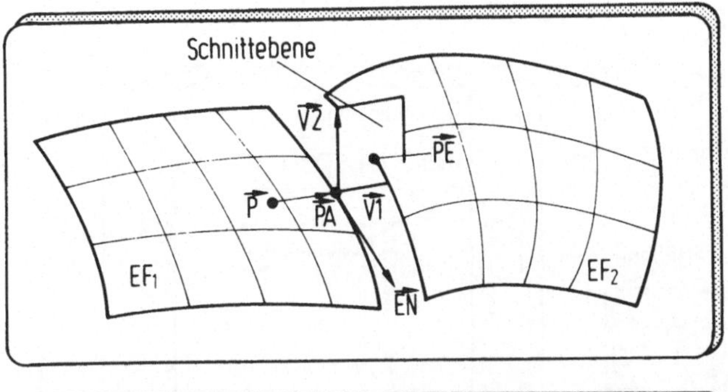

Bild 4.26: Bestimmung des Flächenübergangs an mathematischen Grenzen

4.2.3.8 Flächenübergang an logischen Grenzen

Das Verlassen einer Einzelfläche an einer logischen Grenze ist schwieriger zu erkennen, da der Definitionsbereich kleiner als die mathematische Darstellung ist und damit eine Prüfung der Gauß´ schen Parameterlinien keine Lösung bringt. In der Konsequenz bedeutet dies eine Überprüfung jeder berechneten Position auf ihre Lage innerhalb der Patches für den Geltungsbereich (Bild 4.23). Liegt ein Kennungswechsel bei Patches vor, löst dies eine Kontrolle auf Verlassen einer logischen Grenze aus (Bild 4.27).

Die Kontrolle auf Verlassen an einer logischen Grenze beginnt mit dem Aufbau einer Schnittgeraden im Parameterraum. Ihre Lage bestimmen die beiden letzten Stützwerte im Innern

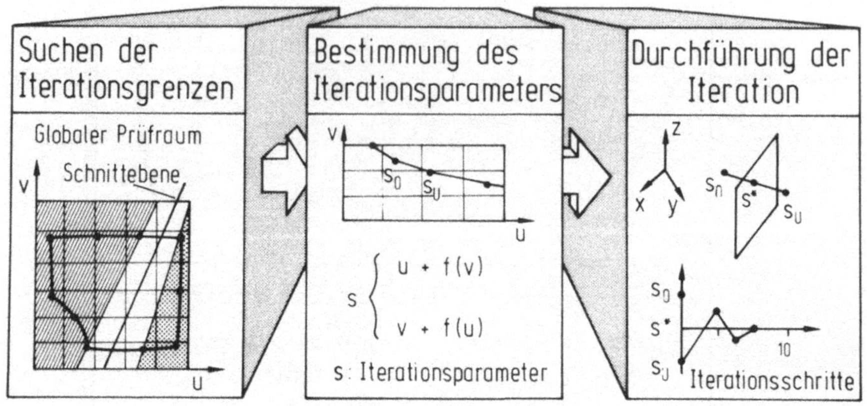

Bild 4.27: Bestimmung des Flächenübergangs an logischen Grenzen

der Einzelfläche. Es folgt die Prüfung dieser Geraden auf Schnitt mit den Polygonzügen logischer Grenzen (Bild 4.26). Die u,v-Stützwerte vor und nach dem Schnitt engen den Lösungsbereich der nachfolgenden Iteration im Euklidischen 3D-Raum ein. Damit kann auf das in Kap. 4.2.3.3 vorgestellte Suchschrittverfahren zurückgegriffen werden:

$$\overrightarrow{f(u,v)} = 0 = R_x(u,v) \cdot EN_x + R_y(u,v) \cdot EN_y + R_z(u,v) \cdot EN_z + D \quad (4.17)$$

$$\text{mit} \qquad \overrightarrow{EN} = \overrightarrow{T} \times \overrightarrow{N}$$

$$D = -(P_x \cdot EN_x + P_y \cdot EN_y + P_z \cdot EN_z)$$

Die Überbestimmtheit der Gleichung (4.17) wird durch die Erzeugung eines funktionalen Zusammenhangs der u,v-Koordinaten erreicht (Bild 4.27). Er kann verantwortet werden, da die maximale Abweichung zwischen zwei Stützstellen logischer Grenzen innerhalb der Fertigungtoleranzen liegt.

Die Berechnung der Eintrittsposition einer Nachbarfläche mit logischer Grenze entspricht im wesentlichen der Vorgehensweise zum Auffinden eines Austrittspunkts. Unterschiedlich ist lediglich die erschwerte Bestimmung der Ober- und Untergrenze zur Iteration. Sie hat im Euklidischen 3D-Raum durch den Schnitt einer Ebene mit dem Polygonzug der logischen Grenze zu erfolgen, da ein Zusammenhang von logischen Grenze und Bewegungsrichtung erst mit dem Eintrittspunkt auch im 2D-Parameterraum der Nachbarfläche ermittelt werden kann.

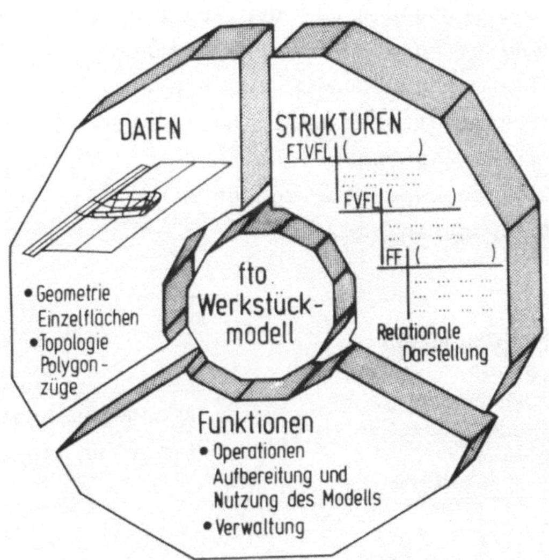

Bild 4.28: Wesentliche Komponenten des fto. Werkstückmodells

Bild 4.28 faßt noch einmal die wesentlichen Komponenten und deren Inhalte eines Datenmodells für die fto. Werkstückbeschreibung zusammen. Hierauf aufbauend beginnt im folgenden die Definition von Anwendungsmodulen (Bild 3.3), die eine enge Beziehung zum fto. Werkstückmodell aufweisen. Durch ihre Stellung nach Bild 3.3 bestimmt ihre Auslegung verbunden mit dem Dialog die Benutzerfreundlichkeit des Gesamtsystems zur NC-Programmierung. Es ist daher notwendig, im Rahmen dieser Arbeit Lösungen für die Behandlung von Freiformflächen aufzuzeigen.

5 Anwendungsfunktionen zum fertigungstechnisch orientierten Werkstückmodell

Analysiert man die Tätigkeiten nach Bild 1.7 sowie die Anwendungsmodule nach Bild 3.3 in Bezug zum fertigungstechnisch orientierten Werkstückmodell, weisen insbesondere die Definition zu Flächenverbänden und die Fräserführung durch Leitgeometrien eine enge Verknüpfung auf. Beide stellen bisher nicht gegebene neue und verbunden mit der Bearbeitung von Flächenverbänden notwendige Funktionen dar. Lösungen zu diesen Anwendungsfunktionen sind deshalb zu erarbeiten. Wesentliches Kriterium für die Benutzerfreundlichkeit von Anwendungsfunktionen ist dabei Umfang und Inhalt der Informationen, die durch den NC-Programmierer vorzugeben sind. Sie sollten sich auf ein Minimum beschränken.

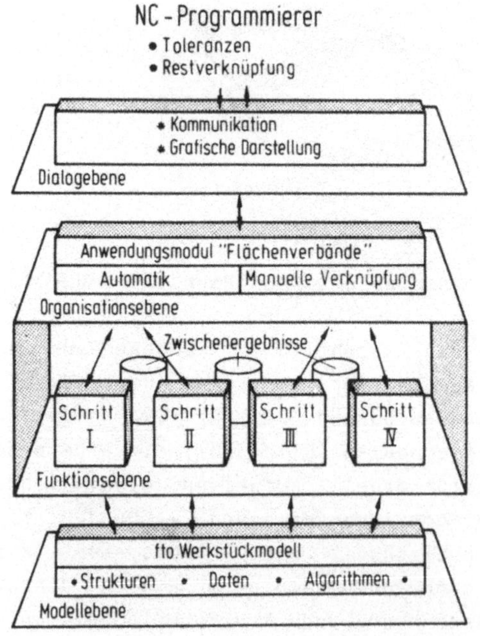

Bild 5.1: Konzeption zur rechnerunterstützten Definition von Grenzen

5.1 Rechnerunterstützte Definition von Grenzen in Flächenverbänden

Gründe für die Notwendigkeit einer Rechnerunterstützung bei der Verknüpfung von Einzelflächen wurden bereits in Kap. 1.3.1 genannt. Die Lösung sieht ein Phasenkonzept vor, das eine weitgehend automatisierte Definition von Grenzen in Flächenverbänden erlaubt (Bild 5.1).

Schritt I: Reduzierung möglicher Kombinationen von Einzelflächen

Im Gegensatz zum Menschen, der anhand einer Visualisierung des Flächenverbandes mögliche Kombinationen von Einzelflächen durch farbliche Kennzeichnung gut bestimmen kann, ergibt sich für ein automatisiertes Verfahren die Notwendigkeit, zu Beginn alle Einzelflächen in ihrem Kombinationsverhalten gleichwertig zu behandeln. Dies führt zu einer Kombinationsmatrix, wie sie in Bild 5.2 angedeutet ist.

Ausgehend von dieser Matrix besteht die Aufgabe der Reduktion auf geometrische Nachbarn mit der Berücksichtigung folgender Randbedingungen:

- Es darf keine reale Verknüpfung eliminiert werden.

- Es sind sehr schnelle Algorithmen gefordert, da die Zahl der Kombinationen pro weitere Einzelfläche EF_i auf i-1 Möglichkeiten steigt.

Vor dem Hintergrund dieser Forderungen ist die in Bild 5.2 dargestellte zweistufige Vorgehensweise konzipiert worden. Für initiierende Betrachtungen zum Bestimmen der geometrischen Nachbarschaft von i(i-1)/2 Einzelflächenkombinationen bietet sich die Kugel als für eine Prüfung einfaches Raumelement an. Hierzu werden die Flächen durch Kugeln umhüllt, deren Mittelpunkt $\vec{MK}$ und Radius r sich wie folgt berechnet:

$$\overrightarrow{MK} = \sum_{j=1}^{n} \overrightarrow{R_j} \,/n \qquad\qquad (5.1)$$

mit $\overrightarrow{R_j}$ als Flächenpunkte auf den Randkurven sowie im Innern der Einzelfläche und:

$$r = \max\left[\,\left|\,\overrightarrow{R_j} - \overrightarrow{MK}\,\right|\,\right] \qquad j = 1 \ldots n \qquad\qquad (5.2)$$

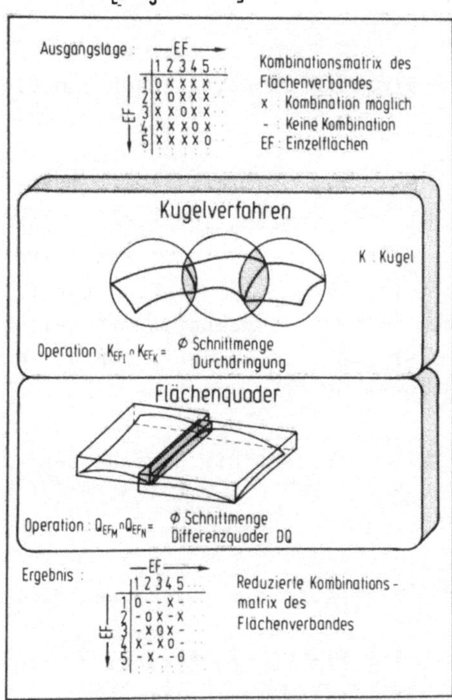

Bild 5.2: Reduzierung der möglichen Flächenkombinationen

Die notwendige Anzahl n von Punkten auf den Randkurven und im Innern der jeweiligen Fläche richtet sich nach Größe und Gestalt der Einzelfläche. Durch sukzessiven Vergleich sämtlicher Kugeln auf Durchdringung (Bild 5.2) bietet dieses Verfahren eine sehr effiziente Vorgehensweise zur Bestimmung realistischer Einzelflächenkombinationen und damit eine Reduzierung weiterer Vergleiche.

Die Anwendung des Kugelverfahrens erlaubt jedoch nur eine qualitative Aussage. Für weiterführende Betrachtungen reicht dies nicht aus, da eine Lokalisierung der möglichen Annäherung hierzu eine wichtige Voraussetzung darstellt. Aus diesem Grund wird das Verfahren orthogonaler Flächenhüllquader nachgeschaltet. Der kleinste, die Fläche umschließende Quader FQ definiert sich wie folgt:

$$
\begin{aligned}
FQ_x &= \left[\min_x(R_j),\ \max_x(R_j) \right] \\
FQ_y &= \left[\min_y(R_j),\ \max_y(R_j) \right] \quad j=1..n \quad (5.3) \\
FQ_z &= \left[\min_z(R_j),\ \max_z(R_j) \right]
\end{aligned}
$$

Den Seitenlängen des Hüllquaders nach Gleichung (5.3) muß jeweils ein sich aus der Flächenübergangstoleranz ergebender Sicherheitswert zugeschlagen werden, da sonst eine Erfassung der mathematischen Grenzen mit Definitionslücken (Bild 4.16) nicht möglich ist. Die in Bild 5.2 aufgezeigte Bildung des Differenzquaders geht auf folgende mathematische Bedingung zurück:

$$
\begin{aligned}
\max\left[\min_x(FQ_i),\min_x(FQ_{i+1})\right] &< \min\left[\max_x(FQ_i),\max_x(FQ_{i+1})\right] \\
\max\left[\min_y(FQ_i),\min_y(FQ_{i+1})\right] &< \min\left[\max_y(FQ_i),\max_y(FQ_{i+1})\right] \quad (5.4) \\
\max\left[\min_z(FQ_i),\min_z(FQ_{i+1})\right] &< \min\left[\max_z(FQ_i),\max_z(FQ_{i+1})\right]
\end{aligned}
$$

Der Vergleich sämtlicher durch das Kugelverfahren erkannten geometrischen Nachbarn führt entweder zu einer Korrektur der Aussage durch eine leere Schnittmenge ($FQ_i \cap FQ_{i+1} = 0$) oder zu einer Bestätigung aufgrund des erzeugten Differenzquaders DQ. Der Vorteil des Vergleichs der Flächenquader liegt in der einfachen Bestimmung des geometrischen Orts der Annäherung zweier Einzelflächen. Er bietet damit eine gute Voraussetzung für weiterführende Betrachtungen.

Schritt II: Reduzierung möglicher mathematischer Grenzkombinationen pro Flächenpaar

Aufbauend auf den in Schritt I ermittelten Kombinationsmöglichkeiten von Einzelflächen und den Ort ihrer Annäherung,

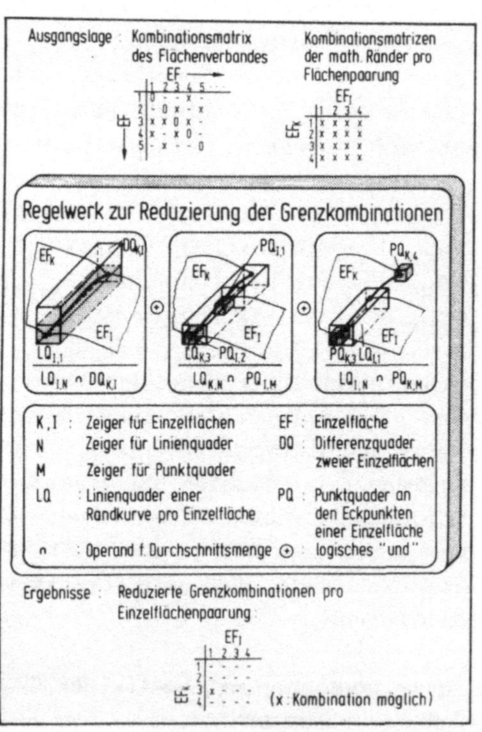

Ausgangslage : Kombinationsmatrix des Flächenverbandes
Kombinationsmatrizen der math. Ränder pro Flächenpaarung
EF →
1 2 3 4 5
1 0 - - x -
2 - 0 x - x
3 x x 0 x -
4 x - x 0 -
5 - x - - 0
EF
EF_I
1 2 3 4
1 x x x x
2 x x x x
3 x x x x
4 x x x x
EF_K
Regelwerk zur Reduzierung der Grenzkombinationen
EF_K
DQ_KI
LQ_I,1
EF_I
LQ_I,N ∩ DQ_K,I
PQ_I,1
EF_K
EF_I
LQ_K,3 PQ_I,2
LQ_K,N ∩ PQ_I,M
PQ_K,4
EF_K
EF_I
PQ_K,3 LQ_L,1
LQ_I,N ∩ PQ_K,M
K,I : Zeiger für Einzelflächen
N : Zeiger für Linienquader
M : Zeiger für Punktquader
LQ : Linienquader einer Randkurve pro Einzelfläche
∩ : Operand f. Durchschnittsmenge
EF : Einzelfläche
DQ : Differenzquader zweier Einzelflächen
PQ : Punktquader an den Eckpunkten einer Einzelfläche
⊙ : logisches "und"
Ergebnisse : Reduzierte Grenzkombinationen pro Einzelflächenpaarung
EF_I
1 2 3 4
1 - - - -
2 - - - -
3 x - - -
4 - - - -
EF_K
(x : Kombination möglich)

n⌐ alysiert bei positiven Differenzen wechselseitig Punkt-
(PQ) und Linienquader (LQ). Punktquader umhüllen dabei den
geometrischen Ort der Eckpunkte einer Einzelfläche. Mit einer
Auswertung der mengentheoretischen Betrachtungen gelangt man
direkt zur Eingabeinformation für die Berechnung mathematischer Grenzen (vgl. Kap. 4.2.3.3) der in Bild 4.16 aufgeführten Typen b...f.

Schritt III: **Automatisierte Berechnung mathematischer Grenzen**

Mit Schritt III beginnt die eigentliche Berechnung mathematischer Grenzen mit dem Lösungsansatz nach Kap. 4.2.3.3. Ein
automatisierter Ablauf setzt daneben eine Reihe von Regeln
voraus, deren drei wichtigste Theoreme lauten:

- Zwei Einzelflächen, die eine oder mehrere gemeinsame mathematische Grenzen aufweisen, besitzen keine logische Grenze
  miteinander.

- Ein Streichen aus der Flächenkombinationsmatrix (Bild 5.4)
  ist erst nach einer erfolgreichen Verknüpfung sämtlicher
  mathematischer und logischer Grenzkombinationen erlaubt.

- Flächenränder oder Randbereiche, die aufgrund o.g. zwei Regeln unverknüpft bleiben, sind interaktiv zu verknüpfen, da
  die Wahl einer zu kleinen Flächenübergangstoleranz seitens
  des NC-Programmierers eine automatisierte Definition mathematischer Ränder (Bild 4.17) nicht erlaubt.

Die Strategie der automatisierten Verknüpfung von Randkurven
zu mathematischen Grenzen ist in Bild 5.4 festgehalten. Für
die erste Stufe liefert der Schritt II eindeutige Vorgaben.
Das Ergebnis der Untersuchungen mündet in eine Definition gemeinsamer Grenzverläufe und unter Anwendung o. g. Regeln zu
einem Streichen au der Flächenkombinationsmatrix. Nicht er-
folgreich abgeschlossene Prüfungen werden in der Grenzkombi-
nationsmatrix vermerkt.

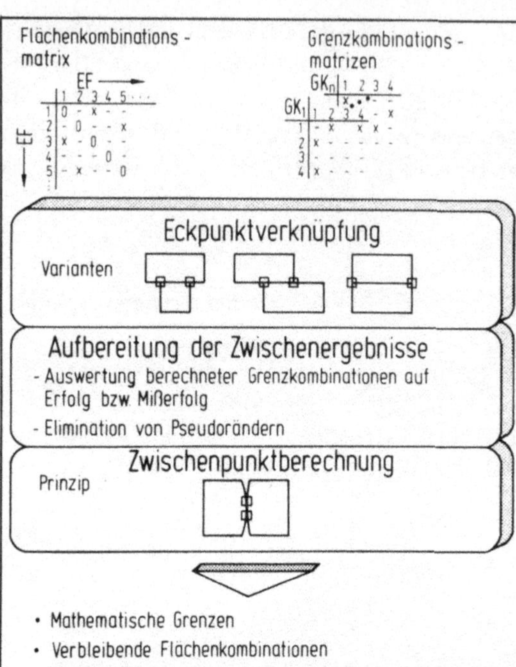

Eckpunktverknüpfung

Varianten

Aufbereitung der Zwischenergebnisse

- Auswertung berechneter Grenzkombinationen auf Erfolg bzw. Mißerfolg
- Elimination von Pseudorändern

Zwischenpunktberechnung

Prinzip

- Mathematische Grenzen
- Verbleibende Flächenkombinationen
- Ränder / Randabschnitte ohne zugeordnete Nachbarn

weitere Flächenkombinationen, die aber nicht automatisiert
verknüpft werden konnten.

Schritt IV: Interaktiv grafische Definition der restlichen Grenzen

Basierten die Schritte I...III lediglich auf der Vorgabe einer
Linearisierungs-, Flächenübergangstoleranz und einem Abbruchkriterium der unterschiedlichen Iterationen, erfordert die
interaktiv grafische Definition von Grenzen einen systemge-
führten Dialog. Grundlage der Systemführung bildet einmal die
Flächenkombinationsmatrix zum anderen die Information unver-
knüpfter Randkurven oder -bereiche. Die beteiligten geometrischen Elemente werden sukzessiv durch grafische Darstellungen dem NC-Programmierer zur Entscheidung gebracht.

Nicht verknüpfte Bereiche lassen sich in drei Kategorien zusammenfassen (Bild 5.5). Es sind dies mathematische Grenzen, bei denen die vorgegebene Flächenübergangstoleranz nicht
für eine Verknüpfung ausreicht, oder mathematische Ränder.
Eine weitere Klasse betreffen die logischen Grenzen, die insbesondere eine Information über die Art der Verschneidung
(vgl. Bild 4.20) seitens des NC-Programmierers erfordern. Weitere Angaben z. B. zur Initiierung der Schnitte nach Kap.
4.2.3.4 leiten sich aus den in den Schritte I...III ermittelten Daten ab. Die Erweiterungen mathematischer Grenzen als
dritte Alternative haben ihren Ursprung in der Notwendigkeit,
Inkonsistenzen in der Geometrie der Oberfläche (Bild 5.5) zu
beseitigen. Auch hierbei beschränken sich die Aktionen des NC-
Programmierers auf die Information, welcher Fläche die Erweiterung zuzuordnen ist.

Am Ende des Schritts IV existieren sämtliche Informationen zur
fertigungstechnisch orientierten Beschreibung von Fertigungsflächen (vgl. Bild 4.2). Sie bilden die Grundlage für
geometrische und topologische Folgeoperationen wie die bear-
beitungsgerechte Aufteilung der Oberfläche oder der Führungsbahnberechnung.

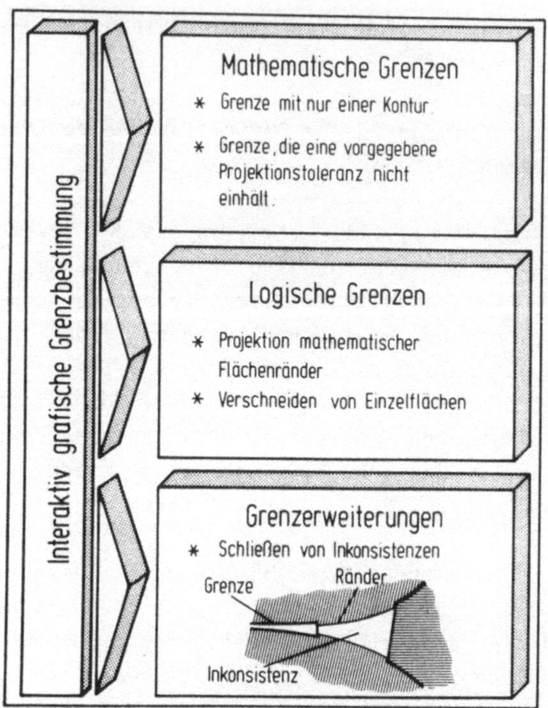

Bild 5.5: Alternativen der interaktiv grafischen Grenzbestimmung

5.2   Fräserführung auf Flächenverbänden

Mit der Fräserführung auf Flächenverbänden wird eine der wesentlichen Anwendungsfunktionen der NC-Programmierung von 2 1/2 ...5-achsigen Fräsbearbeitungen aufgezeigt, die maßgeblich auf Informationen des fertigungstechnisch orientierten Werkstückmodell zurückgreift. Randbedingungen, die auf die Wahl der Führungsbahn Einfluß nehmen, sind in Bild 5.6 festgehalten.

Die Unterstützung der in Bild 5.6 aufgeführten Bedingungen durch eine Anwendungsfunktion erfordert einen hohen Freiheitsgrad in der Führungsbahnerzeugung. Aus den in Bild 2.8

<table>
<tr><td>

Geometrie

- Mathematische und logische Ränder der Bearbeitungsfläche

- Grenzflächen

- Unterschiedliche Parameter-richtungen an den Einzelflächen.

- Definitionslücken zwischen Einzelflächen.

</td><td>

Technologie / Wirtschaftlichkeit

- Fräsverfahren $2\frac{1}{2}\ldots 5$ NC-Achsen.

- Minimierung rotatorischer Achsbewegungen.

- Homogenität des Fräsrillenprofils

- Stetige Orientierungsänderungen im Führungsbahnverlauf

</td></tr>
</table>

Bild 5.6: Geometrische und technologische Randbedingungen zur Definition der Fräserführung

dargestellten Möglichkeiten soll die Projektion einer Leit-fläche auf die Bearbeitungsfläche (Flächenverband) nachstehend aufgezeigt werden. Sie trägt optimal den Forderungen nach Bild 5.6 für eine 2 1/2...5-achsige Fräserführung Rechnung.

Die Konzeption des Anwendungsmoduls "Fräserführung durch Leitfläche" gliedert sich, Bild 5.7 entsprechend, in zwei Bereiche. Dies ist einmal die Definition der Leitfläche. Die-ser Teil weist eine enge Verbindung mit dem Bearbeitungsmodell (Kap. 3.3) auf, da die Leitfläche eine für die Bearbeitung ausgerichtete Information darstellt und somit auch dort ver-waltet werden sollte. Der zweite Teil betrifft die Projektion der Leit- auf die Bearbeitungsfläche.

Analysiert man die in Bild 5.6 festgehaltenen Randbedingun-gen für die Führungsbahnerzeugung, so ergeben sich folgende Anforderungen an die Erzeugung von Leitflächen:

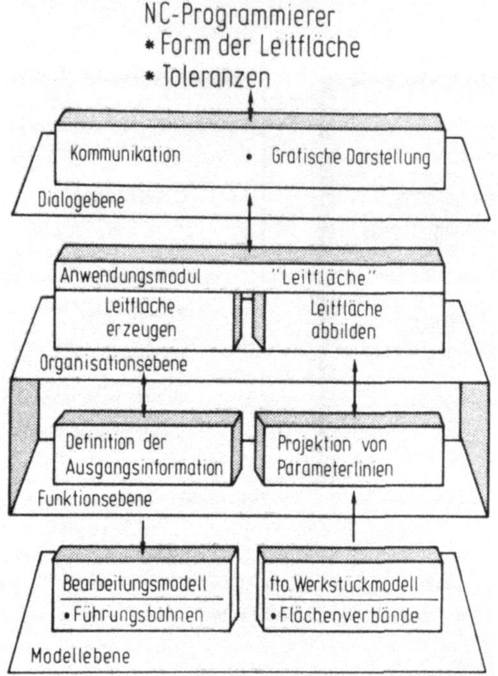

__Bild 5.7:__ Konzeption "Fräserführung durch Leitfläche"

- Sie darf keinen Einfluß auf die Geometrie der Bearbeitungsfläche besitzen.

- Sie darf keine "Knicke" in der Führungsbahn erzeugen.

- Sie muß kontinuierliche Übergänge zwischen vorgegebenen Führungsbahnen erlauben.

- Sie muß sich nach fertigungstechnisch orientierten Gesichtspunkten auf die Bearbeitungsfläche projizieren lassen.

Ein Erfüllen der Forderungen gewährleistet die Anwendung
parametrisierter Freiformflächen auch zur Definition der

Leitfläche. Ihre Definition erfolgt vorzugsweise in einer beliebigen, vom NC-Programmierer wählbaren Projektionsebene zur Bearbeitungsfläche. Bild 5.8 zeigt Möglichkeiten zur Integration von Randbedingungen auf. Als vorteilhaft erweist sich die gleiche mathematische Darstellung von Einzel- und Leitfläche. Sie erlaubt die direkte Übernahme mathematischer Randkurven und Grenzen in die Darstellung der Leitfläche. Dieser Ansatz kann eingeschränkt auch zur Übernahme logischer Grenzen und Ränder angewandt werden. Praxisnahe Anwendungen an CAD-Beispielen zeigen dabei auf, daß die geometrischen Restriktionen insbesondere die Randkurven der Leitfläche beeinflussen, während das Innere der Leitfläche durch technologische Notwendigkeiten bestimmt wird.

Die Entscheidung, welche Ausgangsinformationen relevant für die Leitflächenbildung sind, trifft der NC-Programmierer im

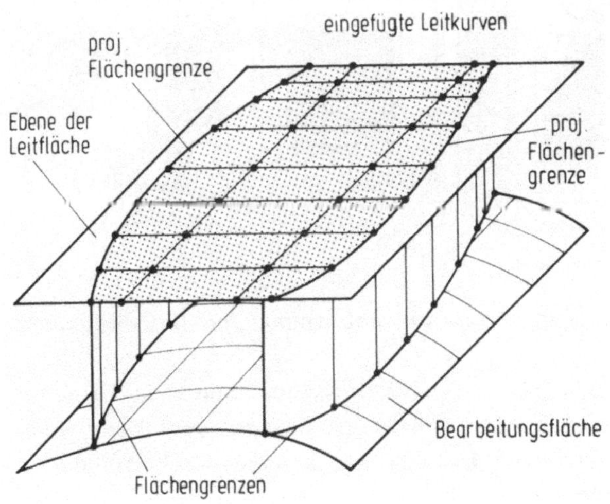

<u>Bild 5.8:</u> Alternativen zur Definition der Ausgangsinformation einer Leitfläche

interaktiv grafischen Dialog. Die ermittelten Leitkurven werden dem Bearbeitungsmodell zugeführt, das eine biparametrische
Leitfläche nach dem Ansatz von Coons aufspannt.

Die Abbildung einer Leit- auf eine Bearbeitungsfläche, in
Bild 5.7 aufgezeigt, erfordert funktionale Notwendigkeiten,
die weiterreichen als Führungsbahnberechnungen entlang von
Parameterlinien oder ebenen Leitlinien (Bild 1.14). Die Problematik kann unterteilt werden in die Schwerpunkte: Initiie-
ren der Abbildung und Berechnen in Fortschreiterichtung entlang einer Paramterlinie der Leitfläche.

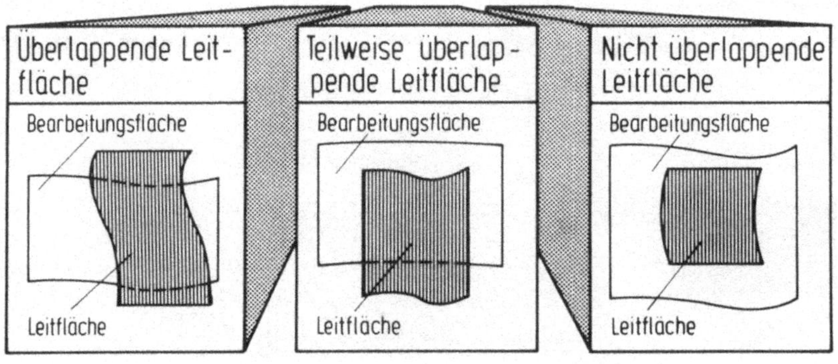

Bild 5.9: Alternativen zur Abbildung von Leitflächen

Analysiert man die Projektionsmöglichkeiten einer Leitfläche, lassen sich die in Bild 5.9 dargestellten Alternativen
festlegen. Für eine Initiierung leiten sich hieraus zwei Va-
riationen ab:

- **Schnitt einer Grenze der Bearbeitungsfläche mit einer Randkurve der Leitfläche.**
  Eine Abstraktion dieses Problems führt zu einem Ansatz, der

schon innerhalb der Definition logischer Grenzen (Kap. 4.2.
3.4) über das affine Verhalten von Freiformflächen gelöst
wurde. Projiziert man die Bearbeitungfläche oder präziser
die Einzelfläche des Eintritts in die Ebene der Leitfläche, so sind zwei Gleichungen mit zwei Unbekannten das Ergebnis:

$$f(p,q) = R(u,v) - RL(u_L,v_L) = 0 \qquad (5.5)$$

mit p : Gaußscher Parameter u oder v der Einzelfläche
mit q : Gaußscher Parameter u_L oder v_L der Leitfläche

Die iterativ ermittelte Lösung der Gaußschen Parameter kann
in den Euklidischen 3D-Raum übernommen werden.

- **Projektion eines Eckpunkts im Innern der Bearbeitungsfläche.**
  Auch hier läßt sich die Aufgabe auf eine Funktion des
  Werkstückmodells zurückführen. Sie ist zu vergleichen mit
  der Projektion einer Geraden auf eine Einzelfläche mittels
  des Suchschrittverfahrens (Kap. 4.2.3.6).

Für die Berechnung der Stützpunkte auf der Bearbeitungsfläche, die den Verlauf einer Parameterlinie der Leitfläche wie-
dergeben, kann auf den Schnitt einer Geraden mit einer Einzelfläche zurückgeführt werden. Sie ist eingebunden in einen
Zyklus nach Bild 5.10. Er beginnt mit der Berechnung des
Krümmungverhaltens auf der Leit- und der jeweilig zu betrachtenden Einzelfläche. Aus dieser Information berechnet sich
getrennt die maximal mögliche Schrittweite unter Einhaltung
der Fertigungstoleranzen. Ein Vergleich beider Größen führt
zur Vorgabe des erlaubten Wertes und zur Definition der
Schnittgeraden für die Iteration nach Gleichung (4.15) in
Kapitel 4.2.3.6.

Der Zyklus setzt sich fort in der Rückprojektion des iterier-
ten Stützwertes R (Bild 5.10) auf die Leitfläche. Diese Maß-

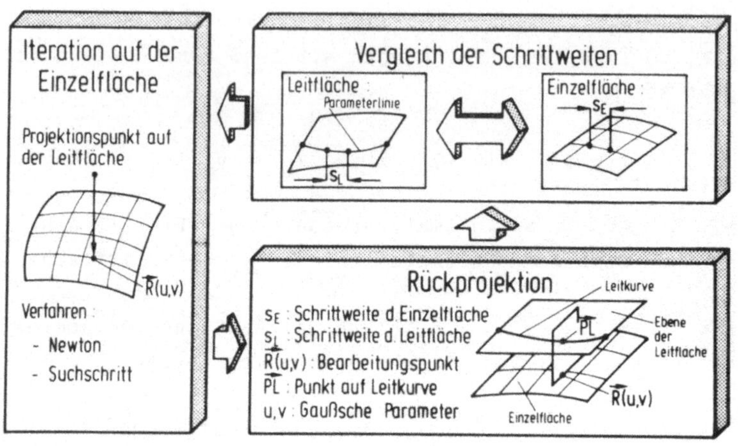

Bild 5.10: Stützpunktberechnung bei der Abbildung von Leitflächen

nahme wird notwendig, da jede Iteration eine Abweichung des Stützpunktes $\vec{R}$ zu seinem Äquivalent auf der aktuellen Para-meterlinie der Leitfläche aufweist, die es zu korrigieren gilt. Funktional wird dabei auf die Lösung von Kap. 4.2.3.3 zurückgegriffen. Beide Positionen gelten als Ausgangsinforma-tion für die nächste Stützpunktberechnung.

Eine Berechnung der Übergänge an Einzelflächen greift auf die Funktionalität des Werkstückmodells für mathematische (Kap. 4.2.3.3) oder logische Grenzen (Kap. 4.2.3.4) zurück. Der Abstand der Parameterlinien auf der Leitfläche richtet sich nach der Oberflächengüte und den daraus resultierenden Füh-rungsbahnabständen oder wird durch den NC-Programmierer als feste Größe (z. B. in mm) vorgegeben.

Die einzelnen Führungsbahnen stellen eine Vorgabeinformation für weitere Anwendungsfunktionen wie die Fräseranstellungsberechnung dar.

Mit den hier vorgestellten Anwendungsmodulen zur Behandlung von Flächenverbänden wurden zwei neue Werkzeuge geschaffen, die in Verbindung mit dem fto. Werkstückmodell eine benutzerfreundliche Vorgehensweise während der NC-Programmierung gewährleisten. Kennzeichen dieser Module ist die Reduktion von Vorgaben seitens des NC-Programmierers auf ein Minimum. Verbunden mit der Dialogebene fördert dies insbesondere die Benutzerfreundlichkeit des Gesamtsystems. Die Benutzeroberfläche, ein weiterer Aspekt, ist dabei adaptierbar entsprechend den Anforderungen der jeweiligen Branche oder Unternehmen zu halten. Eine mögliche Auslegung ist im folgenden Kapitel zum realisierten Systemkonzept festgehalten.

6 Realisierung des Systemkonzepts zur NC-Programmierung im Formenbau

Die Schwerpunkte der vorangegangenen Kapitel lagen entsprechend der Aufgabenstellung nach Kapitel 2 auf dem Entwickeln einer Vorgehensweise zur NC-Programmierung formgebender Bereiche an Werkzeugen sowie daraus ableitend in der Erarbeitung eines Systemkonzepts. Im Mittelpunkt der funktionalen Auslegung dieses Konzepts (Kap. 4) steht dabei das fertigungstechnisch orientierte Werkstückmodell und Anwendungsfunktionen für die Behandlung von Flächenverbänden (Kap. 5).

Die Erarbeitung der Phasen einer NC-Programmierung nach Kap. 1.3 und die sich hieraus ergebende Systemkonzeption basieren auf einer Analyse praxisnaher Beispiele, von denen ein Teil in Bild 6.1 festgehalten ist. Die dargestellten Flächenverbände besitzen unterschiedliche Herkunft bzgl. der Erzeuger (Unternehmen, Konstrukteur) aber auch der eingesetzten CAD-Systeme. Dieser Umstand wirkte sich insbesondere positiv auf

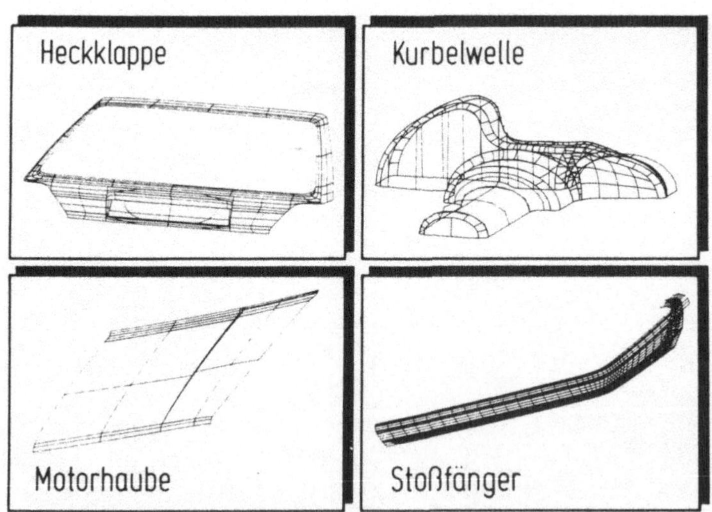

Bild 6.1 : Vorliegende Beispiele

die angestrebte Universalität für die Informationsübernahme von Werkstückgeometrien aus CAD-Systemen.

Die Realisierung des Systemkonzepts aus Kap. 3 erfolgte am Institut für Steuerungstechnik der Werkzeugmaschinen und Fertigungseinrichtungen (ISW). Durch eine Übernahme von ISWAX5-"Batch"-Modulen und dem Einbringen neuer Funktionen wurde das System ISWAX5-"Dialog" geschaffen. Weiterhin finden realisierte Komponenten des Gesamtkonzepts Anwendung in der Industrie / 56,65,66 / und unterstützen die NC-Programmierung zur Fräsbearbeitung von Kaplanturbinenschaufeln und Tiefziehgesenken.

Die folgenden Seiten stellen soft- und hardwaretechnische Voraussetzungen dar, die notwendig sind, um die Funktionalität eines entsprechenden NC-Programmiersystems zu realisieren und damit die Vorgehensweise nach Kap. 1.3 zu unterstützen. An dem zum Schluß aufgeführten Beispiel zur NC-Programmierung soll insbesondere die Notwendigkeit der neuen bzw. erweiterten Funktionalität aus Kap. 4 und 5 zum fertigungstechnisch orientierten Werkstückmodell und seinen Anwendungsfunktionen und deren benutzergerechte Auslegung unterstrichen werden.

6.1 Notwendige Hardwarekonfiguration

Eine Berücksichtigung der Randbedingungen wie Rechenintensität, Kommunikation mit angrenzenden Betriebsbereichen und damit mit weiteren Rechnern, interaktiv grafische Benutzerschnittstelle, leistungsfähige Grafikkomponenten für schnellen Bildschirmaufbau etc. ergeben ein in 6.2 dargestelltes Hardwarekonzept. Das Kernstück ist ein 32-bit Rechner, der rechenintensive Operationen gestattet.

Ein virtuelles Betriebssystem erlaubt eine notwendig effiziente Anpassung der einzelnen Module an sich ändernde organisatorische Randbedingungen wie die Anzahl der Einzelflächen oder der Speicherbedarf geometrischer Koeffizienten. Ein Anschluß für Kommunikationsnetze bietet bei Nutzung des Sy-

stems als lokalen Arbeitsplatz den Kontakt zu anderen Rechnern
und damit auch zu weiteren Betriebsbereichen für einen effizienten Informationsaustausch.

Eine enge Verknüpfung Rechner, Grafik-Processor und Bildschirm
unterstützt schnelle grafische Operationen. Eine hardwaremä-
ßige Einbindung von schattierten Darstellungen und lokalen
Grafikfunktionen wie Rotationen, Translationen im Raum sowie
Ausschnittsvergrößerungen im Grafik-Processor verbindet eine
für die NC-Programmierung verbesserte Darstellung mit schnel-
lem Bildaufbau. Weiterhin sollte ein Plotter oder eine Hard-
copyeinrichtung zu Dokumentationszwecken integriert sein.

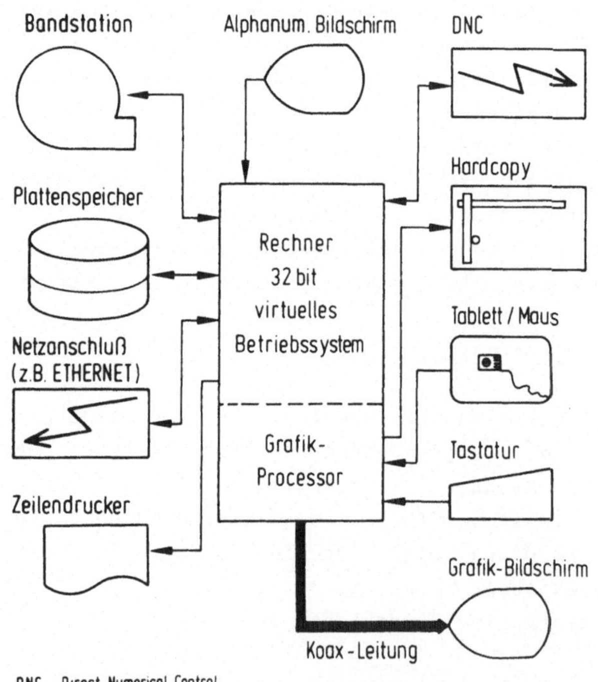

Bild 6.2 : Hardwarekonfiguration

6.2 <u>Softwarestruktur des Systemkonzepts ISWAX5-"Dialog"</u>

Die Softwarestruktur der Realisierung von ISWAX5-"Dialog"
(Bild 6.3) orientiert sich an dem in Bild 3.3 dargestellten
Systematik. Auf dieser Basis konnten insbesondere Erfahrungen
im Zusammenspiel und in der Abgrenzung von Anwendungsfunktionen und Modellen gesammelt werden. Sie führten auch zur Definition interner Schnittstellen, die im Hinblick auf Mehr-
fachnutzung von Modellen bei unterschiedlichen Anwendungsmodulen standardisierenden Charakter haben.

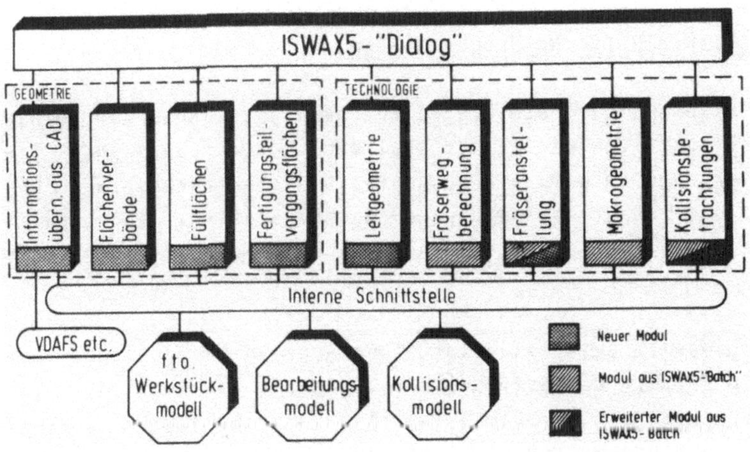

<u>Bild 6.3</u> : Realisierte Softwarestruktur von ISWAX5-"Dialog"

Die entwickelten bzw. in Entwicklung befindlichen Modelle - es
sind dies neben dem fertigungstechnisch orientierten Werk-
stück- das Bearbeitungs- sowie Kollisionsmodell - präsen-
tieren sich als autonome Einheiten. Der Zugriff auf Informationen ist nur über anwendungsbezogene Operationen (Kap.
4.1.3) möglich. Die Verbindung einer effizienten Ausrichtung

des Modells auf die jeweilige Problemstellung mit einer prozeduralen Schnittstelle zum Funktionsaufruf begünstigt kurze Rechenzeiten.

Die rechnerinterne Darstellung der Modelle eignet sich aufgrund ihrer anwendungsorientierten Auslegung nur unzureichend zur Dokumentation und Archivierung der Bearbeitungsaufgaben. Ansätze einer Überführung von Daten bzw. Informationen in eine Archivform durch eine problemorientierte Sprache, ähnlich dem NC-Teileprogramm, können nur als Übergangslösung bis zur Schaffung eines internationalen Standards, der eventuell durch STEP / 67 / gegeben ist, gelten.

6.3 Beispielhafte NC-Programmierung

Das in Bild 6.3 dargestellte Softwarekonzept wurde auf einer GPX-Arbeitsstation der Fa. digital equipment realisiert. Sie entspricht dem im Bild 6.2 vorgestellten Hardwarekonzept und verfügt damit über ausreichende Rechenkapazität für realistische Aussagen zum zeitlichen Aufwand einer NC-Programmierung.

Das ausgewählte Beispiel zeigt einen Ausschnitt aus einer Autotür im Bereich der Griffmulde und besteht aus ca. 30 Einzelflächen (Bild 6.4). Diese Zahl ist vergleichsweise gering; übliche Verbände weisen weit über 100 Einzelflächen auf. Es eignet sich jedoch sehr gut, die Notwendigkeit von Funktionen der Kapitel 4 und 5 aufzuzeigen, ohne daß die Anschaulichkeit des Beispiels leidet.

Die Phase I der NC-Programmierung (Kap. 1.3) beginnt bei diesem Teil mit der Übernahme der CAD-Informationen (Bild 6.4). Die Benutzeroberfläche bietet die in Bild 6.4 dargestellten Möglichkeiten - einmal ein Interface zur VDAFS aber auch zu sendesystemorientierten Schnittstellen (vgl. Bild 4.11) - an. Die Einzelflächen des vorliegenden Beispiels werden durch die VDA-Flächenschnittstelle beschrieben. Der Aufwand zur Inter-

pretatition betrug etwa 3 min. Das Ergebnis ist eine Übernahme
der CAD-Sollgeometrie in das fto. Werkstückmodell.

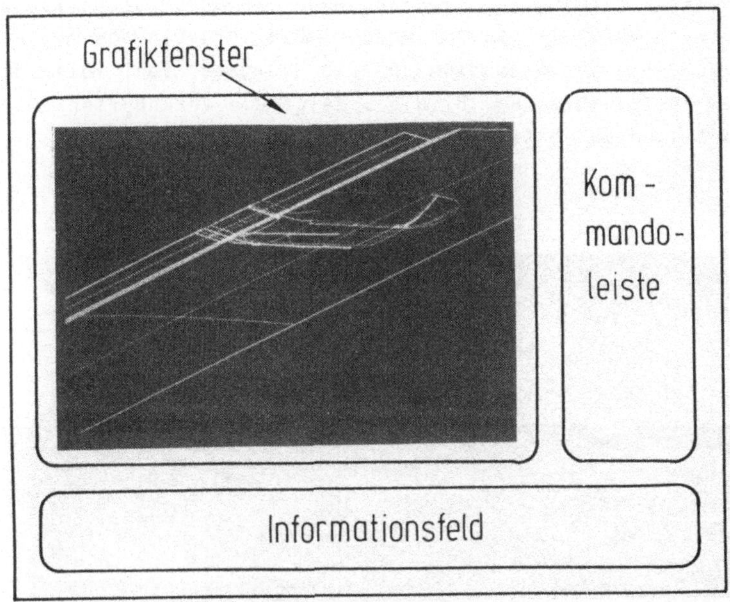

<u>Bild 6.4:</u> Übernahme von CAD-Informationen

Bild 6.4 verdeutlicht weiterhin den dialogorientierten Bildschirmaufbau, der sich in drei Bereiche gliedert:

- Kommandoleiste (Bild 6.4 rechts)
  Sie erlaubt eine Verzweigung in die verschiedenen
  Anwendungs- und Modellebenen.
- Informationsfeld (Bild 6.4 unten)
  Es dient der Darstellung und Eingabe alphanume-
  rischer Informationen.
- Grafikfenster
  Es ermöglicht die Ausgabe grafischer Informationen
  wie Oberflächen, Fräserwege etc.

Die Aufbereitung der übernommenen CAD-Informationen erstreckte
sich im wesentlichen auf topologische Maßnahmen. Sie beginnen

mit der Erzeugung der Fertigungsflächen, in diesem Beispiel
der Solloberfläche. Da keine Topologieinformationen vorlie-
gen, mußte die in Kap. 5.1 beschriebene Anwendungsfunktion zur
Flächenverknüpfung angewandt werden. Die Vorgaben des NC-Programmierers beschränken sich auf die Vorgabe von Toleranzen
für die Grenzbestimmung. Bild 6.5 zeigt die verknüpften Grenzen durch den automatisierten Ablauf dar.

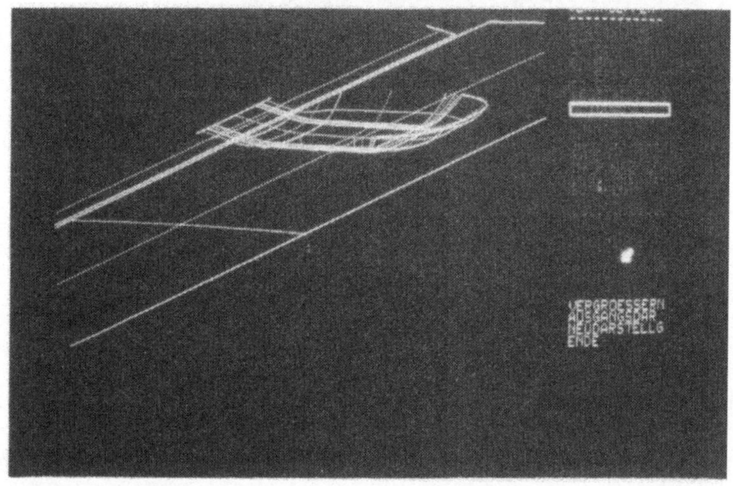

<u>Bild 6.5</u> : Verknüpfte Flächengrenzen nach automatisiertem
Ablauf

Während nach Beendigung des automatisierten Teils bereits 80..
..90% aller Grenzen erkannt und verknüpft wurden, wird nun
der Rest durch den NC-Programmierer interaktiv grafisch definiert. Die Bedienoberfläche des realisierten Anwendungsmoduls (Bild 6.5) bietet für diese Aufgabe die bereits in Bild
5.5 erläuterten Möglichkeiten an. Im vorliegenden Beispiel
sind dies fast ausschließlich logische Grenzen. Sie ergeben
sich durch das Aufsetzen der Griffmulde auf die eigentliche
Türoberfläche, die durchgehend beschrieben wurde. Damit han-

delt es sich um die Projektion von Rändern auf eine Einzelfläche (vgl. Bild 4.21, Stoßfläche).

Der gesamte Vorgang der Aufbereitung zur vollständig beschriebenen Solloberfläche dauert für das angegebene Beispiel ca. 30
min. Dabei verteilen sich die Zeiten für die automatische und
die interaktiv grafische Verknüpfung zu gleichen Teilen. Der
relativ hohe Anteil für die automatische Verknüpfung ergibt
sich aufgrund der starken Größenschwankung der Einzelflächen,
die insbesondere in der Reduzierungsphase von Einzelflächenkombinationen sehr viele Möglichkeiten offenläßt. Andere
Flächenverbände, wie die in Bild 1.3 dargestellte Heckklappe
- bestehend aus 70 Einzelflächen - kann in ca. 15 min von CAD
übernommen und vollständig verknüpft werden.

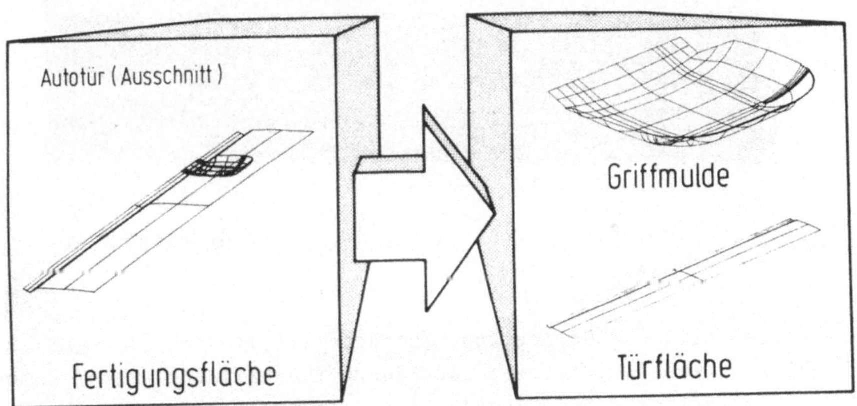

Bild 6.6 : Aufteilung in Bearbeitungsflächen

Die nächste Tätigkeit zur Vervollständigung der fertigungstechnisch orientierten Werkstückbeschreibung bildet die Einteilung der Solloberfläche in Bearbeitungsflächen. Mit ihr
beginnt die Fertigungsplanung für dieses Teil (Kap. 1.3.2).
Eine mögliche Einteilung auf das Beispiel bezogen ist in Bild

6.6 festgehalten. Es wird davon ausgegangen, daß die Außensei-
te der Türe bearbeitet und die Griffmulde als Tasche zu betrachten ist. In diesem Fall stellen die Bearbeitungen der
Türoberfläche wie auch die der Griffmulde getrennte Fertigungsteilvorgänge dar, die sich gegenseitig nicht beeinflussen.

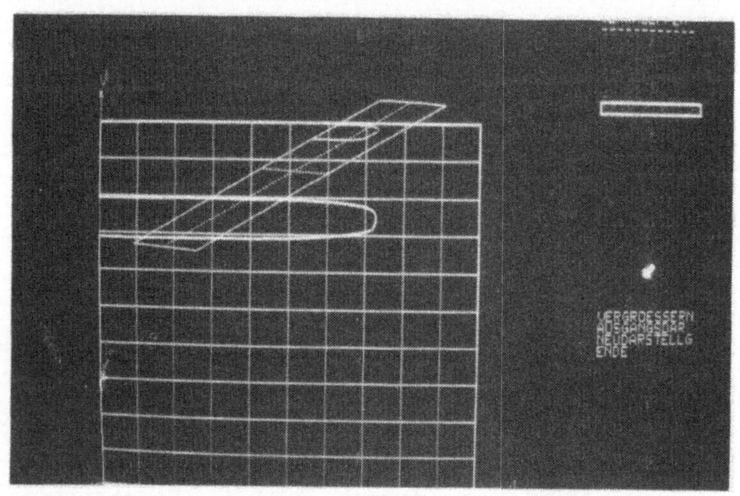

Bild 6.7 : Beispiel der Abbildung logischer Grenzen im 2D-
Parameterraum

Für den Fall der Bearbeitung des Negativteils ist die Griffmulde entweder direkt Teil der Bearbeitungsfläche, oder aber
es sind zumindest die Grenzen der Griffmulde bei der Bearbeitung der Türinnenseite zu berücksichtigen. Damit wird eine
Einschränkung des Definitionsbereichs auf der Türinnenfläche
durch die logischen Grenzen notwendig. Bild 6.7 zeigt hierbei
eine Abbildung der logischen Grenzen im 2D-Parameterraum einer
Einzelfläche. Dieses Bild enthält weiterhin die Euklidische
Darstellung der betreffenden Einzelfläche.

Nach der Einteilung der Bearbeitungsflächen folgt die Planung der Fräserführung. Sie unterliegt auch im vorliegenden

Beispiel den geometrischen und technologischen Randbedingungen
nach Bild 5.6. Für die Griffmulde (Bild 6.6) wurde beispielhaft die Fräserführung über die Leitfläche vorgenommen. Sie
ist in Bild 6.8 (weißes Netz) in Projektionsrichtung auf die
Bearbeitungsfläche festgehalten.

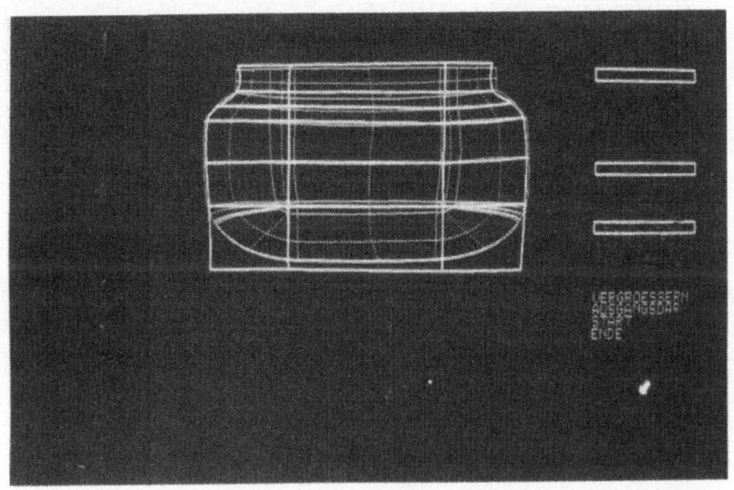

Bild 6.8: Projektion der Leit- auf die Bearbeitungsfläche

Die resultierenden Führungsbahnen der Abbildung veranschau-
licht Bild 6.9. Sie erlauben eine Einteilung in drei Bereiche, die sich aus der Wahl der Bearbeitungsverfahren ablei-
ten. Während der mittlere Teil der Griffmulde durch fünfachsiges Fräsen mit angepaßtem Fräserdurchmesser erzeugbar ist,
erfolgt die Bearbeitung der Flanken durch dreiachsiges NC-
Fräsen mit Kugelkopffräser, da beim fünfachsigen Fräsen der
überaus hohe Anteil der rotatorischen Achsen an der Verfahr-
bewegung der Maschine den Arbeitsvorschub limitiert sowie die
Schräglage des Werkzeugs zur Kollision der Maschine mit dem
Werkstück führt. Eine Überwachung des Arbeitsraums während der
NC-Programmierung ist durch das Kollisionsmodell gegeben. Sie

bestimmt in Verbindung mit der Fräserform und der Oberflächen-
toleranz Anzahl und Abstand der Führungsbahnen in Bild 6.9.

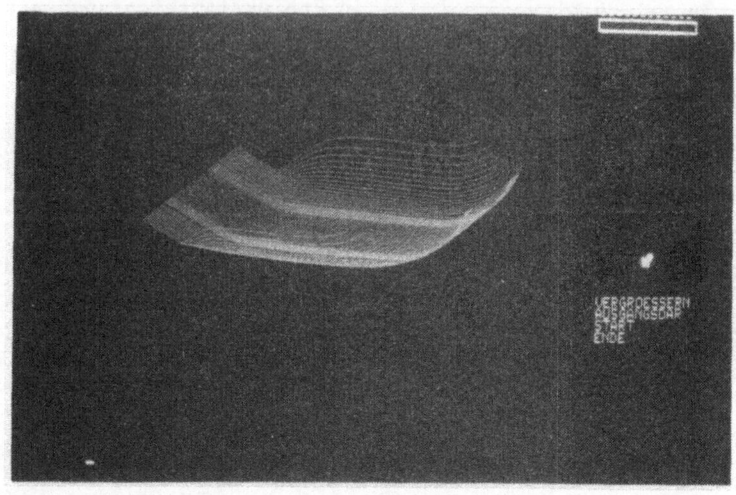

Bild 6.9: Darstellung der Führungsbahnen

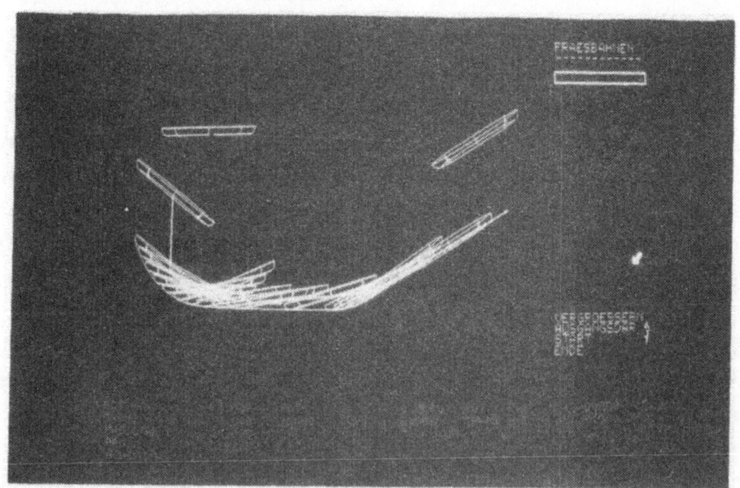

Bild 6.10: Grafische Darstellung eines fünfachsigen Fräserwegs

Bild 6.10 verdeutlicht anhand einer grafischen Darstellung des Schneidenflugkreises mit Eckenradius das Ergebnis der fünfachsigen Fräserwegberechnung im mittleren Teil der Griffmulde exemplarisch für eine Führungsbahn. Es vermittelt deutlich die dynamische Anstellung des Fräsers zur Vermeidung eines Unterschnitts. Fräsversuche zu diesem Teil wurden auf der bis 1988 am Institut für Steuerungstechnik der Werkzeugmaschinen und Fertigungseinrichtungen (ISW) installierten Fünfachsen-NC-Fräsmaschine durchgeführt. Weitere Tests erfolgten in Verbindung mit der Industrie. Mit ihnen konnte die Funktionstüchtigkeit der in dieser Arbeit vorgestellten Konzeption von ISWAX5-"Dialog" bis hin zur Maschine nachgewiesen werden.

7   <u>Zusammenfassung</u>

Ständig wachsende Anforderungen an Produktivität, Flexibilität und Qualität prägen in verstärktem Maße den Formenbau. Da
herkömmliche Vorgehensweisen in diesem Bereich an ihre Leistungsfähigkeit stoßen, ist man bestrebt, neue Alternativen
zu finden, die künftig den o.g. Anforderungen besser entsprechen. Ein gezielter Rechnereinsatz in Konstruktion und
Fertigung soll hier künftig Abhilfe schaffen. Er hat sich in
den vergangenen Jahren insbesondere in der Automobilindustrie
zur Konstruktion u. a. von Tiefziehgesenken durchgesetzt.

Die rechnerunterstützte Konstruktion (CAD) erlaubt heute eine
Beschreibung von formgebenden Bereichen an Gesenken etc. durch
sogenannte "Freiformflächen-Modellierer". Das Ergebnis sind
topologisch unabhängig beschriebene Flächenverbände, die die
Anforderungen an Formgenauigkeiten von ur- und umformenden
Werkzeugen erfüllen. Moderne Fräsmaschinen- und Steuerungs-
konzepte mit der Möglichkeit des 2 1/2 ... 5-achsigen-NC-
Fräsens bieten eine Alternative zu dem heute vielfach üblichen
Nachformfräsen.

Derzeit eingesetzte Systeme zur NC-Programmierung bieten jedoch unzureichende Möglichkeiten, die Planung von Fertigungsaufgaben in ausreichendem Maße zu unterstützen. Insbesondere
die mangelhafte universelle Informationsübernahme und fertigungsgerechte Aufbereitung von CAD-Geometrien sowie fehlende
Funktionalität für eine NC-Programmierung auf der Basis von
Flächenverbänden schränken die Erstellung von Bearbeitungsin-
formationen ein. Dies wirkt sich negativ auf die Wirtschaftlichkeit aus.

Anhand einer Definition der Vorgehensweise zur NC-Programmierung ur- und umformender Werkzeuge wurde aufgezeigt, welche
Phasen und Tätigkeiten sich durch die Einführung von Flächenverbänden unter Einbeziehung vor- und nachgeschalteter Aufgabenbereiche wie Konstruktion und Fertigung ergeben. Aus-

gehend von diesem inhaltlichen Ablauf wurde ein Systemkonzept
einer NC-Programmierung im Formenbau erarbeitet. Sie umfaßt
die benutzerorientierte Auslegung, die Einbindung in den technischen Informationsfluß sowie das sich daraus ergebende
Softwarekonzept. Letzteres beruht auf der Trennung in Anwendungsmodule und Systemkern, letzterer bestehend aus Einzelmo-
dellen. Diese Lösung erlaubt über eine interne Schnittstelle
eine Einbindung der geschlossenen funktionalen Einheiten in
CAD-Systemumgebungen.

Aus der Vielzahl der notwendigen Einzelmodelle zur NC-
Programmierung wurde das fertigungstechnisch orientierte
(fto.) Werkstückmodell herausgegriffen, da es die Grundlage
für die fertigungsgerechte Aufbereitung von Flächenverbänden
sowie deren Nutzung für die NC-Programmierung bildet. Die aufgezeigte Lösung besteht aus Daten, Strukturen und Funktionen
(Algorithmen). Die Struktur unterstützt durch die relationale
Darstellung von Geometrie und Topologie vorteilhaft die Tätigkeiten zur Planung von Fertigungsaufgaben und weist genügend Universalität gegenüber Flächenverbänden von CAD-Systemen
auf. Letzteres gilt auch für die geometrischen Elemente (Daten) des Modells durch die Berücksichtigung standardisierter
Darstellungen von Geometrieinformationen innerhalb des Modells. Wesentliche Funktionen des Modells lauten: Informationsübernahme aus CAD, Erzeugung von Füllflächen über 3 ... 5
Randkurven, die Definition mathematischer und logischer Grenzen innerhalb einer fertigungsgerechten Aufbereitung sowie
eine robuste Iteration auf Einzelflächen, Flächenübergänge an
mathematischen und logischen Grenzen für die Nutzung während
der Planung von Fertigungsaufgaben.

Innerhalb der Anwendungsfunktionen weisen die rechnerunterstützten Definitionen von Grenzen in Flächenverbänden und
die Definitionen der Leitfläche zur Fräserführung eine enge
Verbindung zum Werkstückmodell auf. Die Konzeption und funktionale Lösung beider Bausteine wurde aufgezeigt sowie ihre
organisatorische Einbindung in den technischen Informationsfluß erläutert. Grundlage dieser Lösungen sind für die Be-

stimmung mathematischer und logischer Grenzen eine schrittweise
verfeinerte Betrachtung der Kombinationsmöglichkeiten von Einzelflächen. Für die Projektion der Leit- auf die Bearbeitungsfläche wurde ein Konzept entwickelt, das sich durch hohe Abbildungstreue auszeichnet. Ziel beider Anwendungsmodule ist
es, die interaktiven Eingriffe seitens des NC-Programmierers
durch geeignete Funktionalität auf ein Minimum zu beschränken.

Den Schluß dieser Arbeit bilden Aspekte zur Realisierung der
vorgeschlagenen Konzeption einer NC-Programmierung für den
Formenbau. Das Beispiel verdeutlicht noch einmal die auf-
gestellten funktionalen Notwendigkeiten des fto. Werkstückmodells unter dem Aspekt der Behandlung von Flächenverbänden
sowie die Effizienz erarbeiteter Lösungen.

Basierend auf den hier vorgestellten Entwicklungsergebnissen
zur Definition eines fto. Werkstückmodells für ur- und umformende Werkzeuge ergibt sich künftig die Aufgabe einer automatischen Berechnung der Negativoberfläche unter Berücksichtigung der Blechstärke für Ziehwerkzeuge und hieraus ableitend
eine schnelle Definition der zugehörigen Fräsprogramme. Ein
weiterer Schwerpunkt zukünftiger Arbeiten bildet die Erarbeitung sogenannter technologischer Formelemente und das Einbin-
den von Expertensystemen für die Planung von Fertigungsaufgaben zur Unterstützung der NC-Programmierung.

8   <u>Schrifttum</u>

/ 1/ Storr, A.   CAM, CAP, CAD/NC-Automatisierung des
                        technischen Informationsflusses,
                        Teil 1.
                        Universität Stuttgart WS 1985/86.

/ 2/ N.N.   APT reference manual 6000 Version 2,
                        Control Data Cooperation, Publ. No.
                        60 174 500 (1971).
                        Sunnyvale, California.

/ 3/ N.N.   EXAPT - Sprachbeschreibung.
                        Aachen: EXAPT Verein, 1986.

/ 4/ Storr, A.   Programmieren von NC-Maschinen.
                        wt-Z.ind. Fertig. 73 (1983) H. 1,
                        S. 29 ... 39.

/ 5/ Storr , A.;   CAD/NC-Programmiersystemkopplung -
     Hofmeister, W.;   Probleme und deren Lösungen.
     Zirbs, J.   tz für Metallbearbeitung 81 (1987)
                        H. 1/2, S 33...37

/ 6/ Hellwig, H.;   Die Kopplung und Integration von CAD
     Hellwig, U.;   und CAM. Teil 1 ... Teil 3.
     Paulus, M.   VDI-Z 125 (1983) H. 10, S. 355...360.
                        VDI-Z 125 (1983) H. 11, S. 455...460.
                        VDI-Z 127 (1985) H. 1/2, S. 28...32.

/ 7/ Grabowski, H.,   Schnittstellen zum Austausch produktde-
     Glatz, R.   finierender Daten.
                        VDI-Z 128 (1986) H. 10, S. 333...343.

/ 8/ Damsohn, H.   Fünfachsiges NC-Fräsen gekrümmter Flä-
                      chen. Beitrag zur numerischen Flächen-
                      darstellung, Programmierung und Ferti-
                      gung.
                      Berlin, Heidelberg, New York:
                      Springer Verlag, 1976.

/ 9/ Henning, H.   Fünfachsiges NC-Fräsen gekrümmter Flä-
                      chen. Beitrag zur numerischen Flächen-
                      darstellung, Programmierung und Ferti-
                      gung.
                      Berlin, Heidelberg, New York:
                      Springer Verlag, 1976.

/10/ Sielaff, W.   Fünfachsiges NC-Umfangsfräsen von Werk-
                      stücken mit verwundenen Regelflächen.
                      Ein Beitrag zur Technologie und Teile-
                      programmierung.
                      Berlin, Heidelberg, New York:
                      Springer Verlag, 1981.

/11/ DIN 8580   Fertigungsverfahren.
                      Berlin: Beuth Verlag, 1985.

/12/ Meretz, H.   Internationale Konferenz für Werkzeug-
                      und Formenbau.
                      Werkstatt und Betrieb 119 (1986) H. 8,
                      S. 691 ... 693.

/13/ Lange, K.;   Neue Wege für Konstruktion und Ferti-
     Körner, E.   gung von Umformwerkzeugen durch
                      CAD/CAM.
                      wt-Z.ind.Fertig. 76 (1986) H. 1,
                      S. 79 ... 84.

/14/ N. N.   Situation einer Schlüsselbranche.
                      Ind.-Anz. 107 (1985) H. 68,
                      S. 48 ... 50.

- 123 -

/15/ Niefer, W.   CAD/CAM für Werkzeugkonsruktion, Werk-
                         zeugbau, Preßwerk und Zulirferer.
                         - Neue Kommunikationstechniken -
                         12. Umformtechn. Kolloquium Hannover
                         1987.
                         Hannover: Hannoversches Forschungsin-
                         stitut für Fertigungsfragen e. V.,
                         1987.

/16/ Siegert, K.   Ziehen von flachen Karosserieteilen
                         - Verfahren, Maschinen, Werkzeuge -
                         9. Seminar: Neuere Erkenntnisse in der
                         Blechbearbeitung 1988.
                         Stuttgart: Forschungsgesellschaft Um
                         formtechnik, 1988.

/17/ Eversheim, W.;   CAD/CAM-Systeme in der Automobilzulie-
     Dahl, B.;   ferindustrie.
     Schütze, B.   Ind.-Anz. 107 (1985) H. 10,
                         S. 16 ... 18.

/18/ Schwarz, H.   Lehrunterlagen zum Seminar CAD/CAM im
                         Formen-, Vorrichtungs- und Werkzeugbau.
                         Techn. Akademie Esslingen, Januar 1986.

/19/ Damm, K.   CAD-CAM-Einsatz in der Umformtechnik.
     Spahn, P.   Werkstatt und Betrieb 118 (1985) H. 10,
                         S. 665 ... 724.

/20/ Abrahams, M.;   CAD/CAM-Integration bei der Herstellung
     Doble, M.   von Spritzgußwerkzeugen.
                         CAD-CAM, September 1984.
                         München, Wien: Hanser Verlag.

/21/ N.N.   Rechnereinsatz beim Bau von Spritzgieß-
                         werkzeugen.
                         Der Konstrukteur (1986) H. 3, S. 92...97

- 124 -

/22/ Herbertz, R.; Modernes Gesenkschmieden unters tzt
 durch CAD/CAM/CAE-Techniken.
 VDI-Z 129 (1987) H. 3, S. 109 ... 116.

/23/ Barth, G.; Kopplung von CAD-Systemen mit Finite-
 Element-Programmen.
 Ind.-Anz. 107 (1985) H. 60/61,
 S. 16 ... 18.

/24/ Coons, S.A. Surfaces for Computer Aided Design of
 Space Forms.
 Report MAC-TR-41, Projekt MAC. MIT,
 1967.

/25/ Bezier, P. Numerical Control: Mathematics and
 Application.
 New York:Wiley, 1972.

/26/ de Boor, C. A Practical Guide to Splines.
 Berlin, Heidelberg, New York:
 Springer Verlag, 1978.

/27/ Spur, G. CAD-Technik.
 Krause, F.-L. München, Wien: Hanser Verlag, 1984.

/28/ Elsässer, F. Surfaces and their Applications at
 Opel.
 SURFACES IN GAGD, P. 157...162.
 Amsterdam, New York, Oxford: North
 Holland 1983.

/29/ Rehsteiner, F. Moderne Frästechnologien im Formenbau.
 Ind.-Anz. 108 (1986) H. 32, S. 27...31.

/30/ Specht, G. Automatisierungsmöglichkeiten im Werk-
 Matzen, F. zeug- und Formenbau.
 Zörgiebel, W. Werkstatt und Betrieb 119 (1986) H. 3,
 S. 168 ... 170.

/31/ Pritschow, G.;   Mehrachsiges NC-Fräsen von Blechumform-
     Viefhaus, R.   werkzeugen.
                         wt-Z.ind.Fertig. 76 (1986) H. 10,
                         S. 619 ... 623.

/32/ Pritschow, G.;   Fräsergeometriekorrektur an der Steue-
     Viefhaus, R.;   rung für das fünfachsige NC-Fräsen von
     Zirbs, J.   Freiformflächen.
                         ZwF 83 (1988) H. 12, S. 594...597.

/33/ Pohlmann, G.   Rechnerinterne Objektdarstellung als
                         Basis integrierter CAD-Systeme.
                         München, Wien: Hanser Verlag, 1982.

/34/ Müller, G.   Rechnerunterstützte Darstellung belie-
                         big geformter Bauteile.
                         München, Wien: Hanser Verlag, 1980.

/35/ N. N.   User Documentation for Sculptured
                         Surface APT4 Releases SSX5 and SSX5A.
                         Northern Illinios University,
                         July 1977.

/36/ N. N.   FMILL-APTLFT.
                         IIT Research Institute.
                         IITRI Library Item 548.

/37/ Henning, H.;   Neuere Erkenntnisse beim fünfachsigen
     Sanzenbacher,M.   Fräsen.
                         wt.-Z.ind.Fert. 66 (1976) H. 5,
                         S. 259 ... 264.

/38/ Stute, G.;   NC Programming of Ruled Surfaces for
     Storr, A.;   Five-Axis-Machining.
     Sielaff, W.   Annals of CIRP, Vol. 28/1/1979,
                         S. 267 ... 271.

- 126 -

/39/ Walter, W.   Fräsbahnberechnung und interaktive NC-Programmierung von Werkstücken mit gekrümmten Flächen.
Berlin, Heidelberg, New York:
Springer Verlag, 1982.

/40/ N. N.   3D-Probleme im Griff.
Ind.-Anz. 107 (1985) H. 68, S. 54...57.

/41/ Hrdliczka, V.   CAD/CAM-Einsatzmöglichkeiten von EUKLID.
München, Wien: Hanser Verlag, 1987.

/42/ N. N.   Formen und Modell numerisch gesteuert herstellen.
Ind.-Anz. 107 (1985) H. 84, S. 14...16.

/43/ N. N.   Benutzerunterlagen zu STRIM 100.
München: Cisigraph GmbH., 1987.

/44/ Hartwich, G.   Informationsverbund von Werkzeugkonstruktion, Werkzeugbau und Preßwerk in der Automobilindustrie.
ZwF 82 (1987) H. 2, S. 60...66.

/45/ Zirbs, J.   NC-Programmierung von Formeinsätzen an Tiefziehgesenken.
Automobil Industrie 33 (1988) H 5.,
S 541...549.

/46/ Sanzenbacher, M.   NC-gerechte Beschreibung von Werkstükken mit gekrümmten Flächen.
Berlin, Heidelberg, New York:
Springer Verlag, 1982.

/47/ Burgermeister, W.;
    Buch, S.   Architektur eines CAD-Konstruktionssystems für Drehteile.
ZwF 81 (1986) H. 3, S. 151 ... 156.

/48/ Eversheim, W.;   Maschinelle Arbeitsplanerstellung.
     Wiewelhofe, W.;   KFK-CAD-Bericht 46, Kernforschungszen-
     Szabo, Z.-J.   trum Karlsruhe 1977.

/49/ Koschnik, G.;   Neuartiges Programmier- und Maschinen-
     Zirbs, J.   systems für die fünfachsige CNC-Bear-
                         beitung.
                         wt-Z.ind.Fertig. 73 (1983) H. 10,
                         S. 641 ... 644.

/50/ Zirbs, J.   Konzept zur Kollisionsüberwachung bei
                        der NC-Programmierung komplexer Ober-
                        flächen.
                        HGF-Kurzberichte (Lose-Blatt-Sammlung)
                        Blatt 88/40, Essen: Girardet Verlag,
                        1988.

/51/ Grätz, J.-F.   Konzeption eines komplexen 3D-Modells
                        mit beliebiger Flächenstruktur.
                        ZwF 78 (1983) H. 12, S. 564 ... 571.

/52/ Codd, E.F.   A relational model for large shared
                        data banks.
                        Corm. of ACM, Vol. 13 (1970) No. 6,
                        S. 377 ... 387.

/53/ Date, C.J.   An Introduction to Database Systems.
                        Massachusetts, Amsterdam, London:
                        Addison-Wesley Publishing Company,
                        1978.

/54/ Grabowski, H.   CAD/CAM-Schnittstellenproblematik für
     Anderl, R.   den Anwender.
     Glatz, R.   wt-Z.ind.Fertig. 76 (1986) H. 4,
                        S. 212 ... 218.

/55/ IGES   Digital Representation für Communica-
                          tion of Product Definition Data, Ver-
                          sion 3.0. American National Standard.
                          ANSI Y 14.2617-1986.

/56/ DIN 66 301   VDA-Flächenschnittstelle (VDAFS),
                          Version 1.0.
                          Berlin: Beuth Verlag, 1983.

/57/ N.N.   VDAFS - Version 2.0.
                          Stand 01. 07. 1986.
                          Verband der deutschen Automobilindus-
                          trie e.V. (VDA).

/58/ N.N.   CAD*I Neutral Format Proposal for Cur-
                          ves and Surfaces (Draft 20).
                          Paper in CAD*I 1st International Work-
                          shop; 2/3 December 1986.

/59/ Barnhill, R. E.   Computer Aided Surface Representation
                          and Design.
                          SURFACES IN GAGD, P. 1...24.
                          Amsterdam, New York, Oxford: North
                          Holland 1983.

/60/ Jordan-Engeln, G;   Formelsammlung zur numerischen Mathe-
      Reutter, F.   matik mit Standard-Fortran-Programmen.
                          Mannheim: Bibliographisches Institut,
                          1981.

/61/ Pratt, M. J.;   Surface/Surface Intersection Problems.
      Geisow, A. D.   Paper in "The Mathematics of Surfaces".
                          Oxford: Claredon Press 1986.

/62/ Faux, I. D.;   Computational Geometry for Design and
      Pratt, M. J.   Manufacturing.
                          Chichester: Ellis Horwood 1979.

/63/ Pritschow, G.;   Dreidimensionale Echtzeit-Kollisions-
     Kayser, K.-H.   überwachung an Fertigungseinrichtungen.
                        wt 77 (1987) H. 4, S..201 ... 205.

/64/ Ayala, D.   Object Representation by Means of Nomi-
                        nal Division Quadtrees and Octrees.
                        ACM Transactions on Graphics,
                        Vol. 4.1 (1985), P. 41...59.

/65/ N.N.   Fünfachsige CNC-Bearbeitung beliebig
                        gekrümmter Flächen.
                        maschine+werkzeug (1985) H. 1,
                        S. 12...15.

/66/ N.N.   Ford cuts construction time for auto-
                        body dies using "one-stop" machining.
                        cutting edge (1987) H. 3, S. 4...5.

/67/ Schuster, R.;   Was geschieht bei der CAD/CAM Schnitt-
     Trippner, D.;   stellennormung.
     Glatz, R.   CAD/CAM 4 (1985) H. 1, S. 40...45.

ISW Forschung und Praxis

Berichte aus dem Institut für Steuerungstechnik der Werkzeugmaschinen und Fertigungseinrichtungen der Universität Stuttgart

Herausgegeben bis Band 57 von Prof. Dr.-Ing. G. Stute †
ab Band 58 Prof. Dr.-Ing. G. Pritschow

25 O. Klingler, Steuerung spanender Werkzeugmaschinen mit Hilfe von Grenzregeleinrichtungen (ACC), 124 S., 1979

26 L. Schenke, Auslegung einer technologisch-geometrischen Grenzregelung für die Fräsbearbeitung, 113 S., 1979

27 H. Wörn, Numerische Steuersysteme-Aufbau und Schnittstellen eines Mehrprozessorsteuersystems, 141 S., 1979

28 P. B. Osofisan, Verbesserung des Datenflusses beim fünfachsigen NC-Fräsen, 104 S., 19

29 J. Berner, Verknüpfung fertigungstechnischer NC-Programmiersysteme, 101 S., 1979

30 K.-H. Böbel, Rechnerunterstützte Auslegung von Vorschubantrieben, 113 S., 1979

31 W. Dreher, NC-gerechte Beschreibung von Werkstücken in fertigungstechnisch orientierten Programmiersystemen, 105 S., 1980

32 R. Schurr, Rechnerunterstützte Projektsteuerung hydrostatischer Anlagen, 115 S., 1981

33 W. Sielaff, Fünfachsiges NC-Umfangfräsen verwundener Regelflächen. Beitrag zur Technologie und Teileprogrammierung, 97 S., 1981

34 J. Hesselbach, Digitale Lageregelung an numerisch gesteuerten Fertigungseinrichtungen, 111 S., 1981

35 P. Fischer, Rechnerunterstützte Erstellung von Schaltplänen am Beispiel der automatischen Hydraulikplanzeichnung, 111 S., 1981

36 U. Ackermann, Rechnerunterstützte Auswahl elektrischer Antriebe für spanende Werkzeugmaschinen, 118 S., 1981

37 W. Döttling, Flexible Fertigungssysteme – Steuerung und Überwachung des Fertigungsablaufs, 105 S., 1981

38 J. Firnau, Flexible Fertigungssysteme – Entwicklung und Erprobung eines zentralen Steuersystems, 112 S., 1982

39 A. Herrscher, Flexible Fertigungssysteme – Entwurf und Realisierung prozeßnaher Steuerungsfunktionen, 103 S., 1982

40 U. Spieth, Numerische Steuersysteme – Hardwareaufbau und Ablaufsteuerung eines Mehrprozessorsteuersystems, 115 S., 1982

41 A. Schimmele, Rechnerunterstützter Entwurf von Funktionssteuerungen für Fertigungseinrichtungen, 106 S., 1982

42 M. Sanzenbacher, NC-gerechte Beschreibung von Werkstücken mit gekrümmten Flächen, 105 S., 1982

43 W. Walter, Interaktive NC-Programmierung von Werkstücken mit gekrümmten Flächen, 112 S., 1982

44 J. Huan, Bahnregelung zur Bahnerzeugung an numerisch gesteuerten Werkzeugmaschinen, 95 S., 1982

45 H. Erne, Taktile Sensorführung für Handhabungseinrichtungen – Systematik und Auslegung der Steuerungen, 111 S., 1982

46 D. Plasch, Numerische Steuersysteme – Standardisierte Softwareschnittstellen in Mehrprozessor-Steuersystemen, 112 S., 1983

47 Z. L. Wang, NC-Programmierung – Maschinennaher Einsatz von fertigungstechnisch orientierten Programmiersystemen, 103 S., 1983

48 J. Schwager, Diagnose steuerungsexterner Fehler an Fertigungseinrichtungen, 121 S., 1

49 P. Klemm, Strukturierung von flexiblen Bediensystemen für numerische Steuerungen, 113 S., 1984

50 W. Runge, Simulation des dynamischen Verhaltens elektrohydraulischer Schaltungen – Einsatz von geräteorientierten, universellen Simulationsbausteinen, 132 S., 1984

51 H. Steinhilber, Planung und Realisierung von Werkzeugversorgungssystemen für die NC-Bearbeitung, 126 S., 1984

52 R. Ohnheiser, Integrierte Erstellung numerischer Steuerdaten für flexible Fertigungssysteme, 115 S., 1984

53 M. Keppeler, Führungsgrößenerzeugung für numerisch bahngesteuerte Industrieroboter, 125 S., 1984

54 P. Kohler, Automatisiertes Messen mit NC-Werkzeugmaschinen, 129 S., 1985

55 K.-H. Rieger, Rechnerunterstützte Projektierung der Hardware und Software von speicherprogrammierten Steuerungen, 123 S., 1985

56 G. Vogt, Digitale Regelung von Asynchronmotoren für numerisch gesteuerte Fertigungseinrichtungen, 126 S., 1985

57 S. Chmielnicki, Flexible Fertigungssysteme – Simulation der Prozesse als Hilfsmittel zur Planung und zum Test von Steuerprogrammen, 120 S., 1985

58 W. Renn, Struktur und Aufbau prozeßnaher Steuergeräte zur Verkettung in flexiblen Fertigungssystemen, 137 S., 1986

59 K. Harig, Quantisierung im Lageregelkreis numerisch gesteuerter Fertigungseinrichtungen, 113 S., 1986

60 H. Frank, Programmier- und Überwachungsfunktionen für teileartbezogene NC-Werkzeugmaschinen, 115 S., 1986

61 H. Möller, Integrierte Überwachungs- und Diagnose-Systeme für numerische Steuerungen, 131 S., 1986

62 H. Fink, Einsatz speicherprogrammierbarer Steuerungen in der Fertigungstechnik, 126 S., 1986

63 J. Fleckenstein, Zustandsgraphen für SPS – Grafikunterstützte Programmierung und steuerungsunabhängige Darstellung, 139 S., 1987

64 E. Wagner, Steuerungen von Koordinatenmeßgeräten mit schaltenden und messenden Tastsystemen, 133 S., 1987

65 W. Grimm, Diagnosesystem für steuerungsperiphere Fehler an Fertigungseinrichtungen, 143 S., 1987

66 W. Swoboda, Digitale Lageregelung für Maschinen mit schwach gedämpften schwingungsfähigen Bewegungsachsen, 141 S., 1987

67 G. Gruhler, Sensorgeführte Programmierung bahngesteuerter Industrieroboter, 119 S., 1987

68 B. Walker, Konfigurierbarer Funktionsblock Geometriedatenverarbeitung für numerische Steuerungen, 125 S., 1987

69 J. Mayer, Werkzeugorganisation für flexible Fertigungszellen und -systeme, 126 S., 1988

70 R. Lederer, Programmierung von NC-Drehmaschinen mit mehreren Werkzeugschlitten, 120 S., 1988

71 G. Häberle, NC-Musterprogrammierung für die rechnerintegrierte Textilfertigung, 127 S., 1988

72 D. Pfeiffer, Kompensation thermisch bedingter Bearbeitungsfehler durch prozeßnahe Qualitätsregelung 135 S., 1988

73 W. Schmidt, Grafikunterstütztes Simulationssystem für komplexe Bearbeitungsvorgänge in numerischen Steuerungen, 141 S., 1988

74 M. Egner, Hochdynamische Lageregelung mit elektrohydraulischen Antrieben, 147 S., 1988

75   W. Schittenhelm, Konfigurierbares Bedienungssystem für Steuerungen an Fertigungseinrichtungen, 136. S., 1988

76   D. Scheifele, Grafisch dynamische Simulation des Bearbeitungsvorgangs für
Doppelschlittendrehmaschinen, 121 S., 1988

77   G. Keuper, Automatisierte Identifikation der Streckenparameter servohydraulischer
Vorschubantriebe, 152 S., 1989

78   K.-H. Kayser, Kollisionserkennung in numerischen Steuerungen mit der Distanz-
feldmethode, 131 S., 1989

79   R. Viefhaus, Fräsergeometriekorrektur in Numerischen Steuerungen, 157 S., 1989

80   J. Zirbs, Fertigungsgerechte Aufbereitung von Flächenverbänden bei der NC-
Programmierung im Formenbau, 130 S., 1989